LA Recherche

LES GRANDES CONTROVERSES SCIENTIFIQUES

sous la direction

d'Aline Richard et d'Hélène Le Meur

DUNOD

Cet ouvrage est dérivé du numéro spécial du magazine *La Recherche* : « 500 ans de controverse scientifiques » paru en août 2013.

Couverture : © Infinity-Fotolia.com

Illustrations : Rachid Maraï

© juulijs-Fotolia.com
© Georgios Kollidas-Fotolia.com
© Erica Guilane-Nachez-Fotolia.com

ISBN 978-2-10-071033-1

Discuter la science pour la faire avancer

L'histoire des sciences ne saurait se passer de controverses. Discuter un sujet en y apportant nombre d'arguments, et faire évoluer ce débat dans le temps, voilà bien le cœur battant de l'activité scientifique. Les controverses accompagnent les progrès du savoir car elles sont de nature à faire avancer la recherche. Ainsi, de celle sur l'âge de la Terre racontée dans cet ouvrage : après les premières intuitions d'Alfred Weneger en 1912 sur une possible dérive des continents, rejetée avec mépris par les géologues, le modèle des plaques tectoniques s'impose enfin dans les années 1960 après que les scientifiques ont été capables d'explorer les fonds marins et d'y découvrir les dorsales océaniques.

Si elles font évoluer la science, les controverses ne relèvent pourtant pas de sa seule gouvernance. Contrairement à une idée reçue, très rares sont celles strictement cantonnées au seul champ de la science : pour chaque débat, il y a toujours, ou presque toujours, un débordement, une « contamination » du, ou vers le social. Pour prendre un exemple célèbre, l'affirmation que le Soleil est au centre du monde et que la Terre tourne autour de lui a été exposée par Galilée au début du XVIIe siècle. Ce faisant, il s'est opposé à la vision de l'Église, corps social dominant, au nom de la raison et de l'observation.

Bien sûr, toutes les controverses ne sont pas à mettre au même niveau. Certaines sont très « techniques », ce qui revient à dire qu'elles ne concernent qu'un public restreint de spécialistes. Ainsi du débat sur la détection des ondes gravitationnelles, prédites par Einstein mais jamais observées directement : la controverse reste du domaine de la physique des particules. On pourrait multiplier les exemples, tant l'activité de recherche est aujourd'hui hyperspécialisée. Mais cela n'empêche pas l'intrusion d'un certain social, à un moment donné de la controverse : enjeux financiers et de pouvoir en sont les leviers. Racontée dans ce livre, la querelle entre Isaac Newton et Gottfried Wilhelm Leibniz pour savoir lequel de ces deux savants a inventé le calcul différentiel est un cas d'école. L'on comprend, en la lisant, comment cette controverse qui a classiquement opposé deux scientifiques et leurs collègues, a débordé en débat public sous l'influence des princes et des riches mécènes soutiens de ces savants. La situation n'a guère changé aujourd'hui : la concurrence entre scientifiques bat toujours la mesure, pour un Prix Nobel ou plus modestement pour un poste à l'université.

Il est des controverses plus ou moins durables. Mais, pour clore un débat, il faut que les scientifiques s'accordent sur les critères permettant d'y mettre fin, par exemple la tenue d'une expérience ou la survenue d'une découverte. Ainsi, la thèse du paléontologue Yves Coppens dénommée « East Side Story », désignant le berceau de l'humanité à l'est du Rift africain a été démentie par la découverte à l'ouest, dans le désert tchadien, du fossile Toumaï, pré-humain vieux de sept millions d'années. Quand la controverse met en jeu plusieurs disciplines, sa résolution s'avère plus complexe. L'actuel débat sur le climat en est une bonne illustration. L'un des points scientifiques de cette controverse à multiples facettes concerne l'utilisation de la modélisation informatique pour les prévisions climatiques, et les limites de ces modèles.

Enfin, certaines controverses ont pour objet, non pas la science en elle-même, mais la façon dont elle se traduit dans le social, par ses applications et ses conséquences. Ce sont celles dont on parle beaucoup aujourd'hui. OGM, déchets nucléaires, ondes électromagnétiques… Elles s'accompagnent de vifs débats, parfois très violents, parfois très éloignés de la science. Y interviennent une multiplicité d'acteurs, scientifiques, mais aussi industriels, associations et décideurs politiques. Reflets de nos organisations sociales, elles ne sont pas plus ou moins « nobles » que celles internes à la science. La lecture de cet ouvrage permettra à chacun de prendre la mesure de ces différences et, nous l'espérons, de découvrir la richesse de cet objet scientifique singulier qu'est la controverse.

Aline Richard

Ils ont participé à cet ouvrage

Stefan Aykut, laboratoire technique, territoires et sociétés et Ifris (LabEx Sites)
Philip Ball, journaliste
Stéphane Barge, journaliste
Lise Barnéoud, journaliste
Gautier Cariou, journaliste
Nicolas Chevassus-au-Louis, journaliste
Anne Debroise, journaliste
Denis Delbecq, journaliste
Clément Delorme, journaliste
Jean-Baptiste Fressoz, historien des sciences, chercheur au centre Alexandre Koyré du CNRS
Yves Gingras, professeur de sociologie et d'histoire des sciences à l'université du Québec à Montréal, au Canada
Vincent Glavieux, journaliste
Hélène Guillemot, centre Alexandre Koyré (Projet ANR ClimaConf)
Jean-François Haït, journaliste
Mathieu Lauria, journaliste
Fabienne Lemarchand, journaliste
Philippe Pajot, journaliste
Dominique Pestre, historien des sciences, directeur d'études à l'École des hautes études en sciences sociales, à Paris
Benoit Rey, journaliste

DOUZE
AU FIL DE

L'ALCHIMIE RENOUVELLE LA MÉDECINE	L'INVENTION DU CALCUL DIFFÉRENTIEL	L'INOCULATION DE LA VARIOLE
XVIe siècle	XVIIe siècle	XVIIIe siècle

1543

HÉLIOCENTRISME : Nicolas Copernic publie *Révolution des sphères* célestes. Il place le Soleil, et non la Terre, au centre de l'Univers.

1687

GRAVITATION UNIVERSELLE : Isaac Newton présente sa théorie qui explique à la fois les orbites célestes et la chute des corps.

1735

CLASSIFICATION LINNÉENNE : Carl von Linné publie *Systema naturae*, premier système de classification systématique des espèces vivantes.

LES DANGERS DE LA RADIOACTIVITÉ	LA TECTONIQUE DES PLAQUES	LA MÉMOIRE DE L'EAU

XXe siècle

1905

$E = mc^2$: Albert Einstein publie la théorie de la relativité restreinte dont est issue la fameuse équation.

1927

BIG BANG : Georges Lemaître propose que l'Univers ait été initialement ponctuel. Le modèle sera baptisé Big Bang en 1950.

1942

FISSION ATOMIQUE : Enrico Fermi et Leó Szilárd obtiennent la première réaction en chaîne contrôlée de la fission d'un atome, utilisée pour la production d'énergie nucléaire.

1953

STRUCTURE DE L'ADN : James Watson et Francis Crick décrivent la structure en double hélice de la molécule d'ADN, qui porte le code génétique.

CONTROVERSES
GRANDES DÉCOUVERTES

L'ÂGE DE LA TERRE	LA VITESSE DES ONDES ÉLECTROMAGNÉTIQUES	LA GÉNÉRATION SPONTANÉE

XIXe siècle

1822

PIERRE DE ROSETTE : Jean-François Champollion déchiffre l'écriture égyptienne ancienne en hiéroglyphes grâce à la pierre de Rosette.

1859

SÉLECTION NATURELLE : Charles Darwin expose la théorie de l'évolution par sélection naturelle dans son livre *De l'origine des espèces*.

1879

ALTAMIRA : Marcelino Sanz De Sautuola découvre les peintures préhistoriques de la grotte d'Altamira, en Espagne.

1885

VACCIN CONTRE LA RAGE : Louis Pasteur administre pour la première fois le vaccin contre la rage à un homme.

LE RÉCHAUFFEMENT CLIMATIQUE	LA QUÊTE DE LA CONSCIENCE	L'HOMME DE KENNEWICK

1964

HOMO HABILIS : Louis Leakey découvre en Tanzanie le plus ancien représentant du genre *Homo* : *l'Homo habilis.*

1983

SIDA : les équipes de Luc Montagnier et de Robert Gallo isolent le VIH, virus à l'origine du Sida.

1990

INTERNET : Tim Berners-Lee crée un programme informatique qui permet la communication entre les scientifiques et qui conduira au World Wide Web.

2012

BOSON DE HIGGS : les chercheurs du CERN, découvrent la particule qui permet d'expliquer pourquoi toutes les autres ont une masse.

1

L'ALCHIMIE RENOUVELLE LA MÉDECINE

Les paracelsiens contre l'université de Paris

Le roi Henri IV fait venir à sa cour plusieurs médecins qui s'inspirent de la pensée de l'alchimiste Paracelse. Ils imposent progressivement le recours à la chimie pour préparer des remèdes efficaces.

« Je suis différent », écrivit un jour Paracelse, alchimiste et médecin suisse de la première moitié du XVIe siècle. Il eut beau ajouter immédiatement : *« Mais que cela ne vous contrarie pas »,* il contraria presque tous ceux qui furent confrontés à sa personne ou à ses idées. Et bien qu'il décédât en 1541, sa vision des sciences et de la médecine continua d'alimenter des controverses jusqu'au milieu du XVIIe siècle.

L'essentiel

- Le Suisse Paracelse développa au XVIe siècle une « philosophie chimique », dont l'une des conséquences était que les remèdes devaient être adaptés aux différentes maladies.
- Il s'opposait en cela à la médecine académique, fondée sur les écrits antiques d'Aristote et de Galien.

Paracelse s'était en effet attaqué aux fondements du système de la médecine et de la philosophie naturelle prédominant à son époque, qui trouvait ses origines chez les Grecs anciens, notamment chez Aristote. Et il avait proposé de le remplacer par un système qui semblait avoir plus de choses en commun avec les pratiques des charlatans et des guérisseurs. Très peu de ses écrits furent publiés de son vivant, mais à partir de 1560 plusieurs éditeurs écumèrent l'Europe à la recherche de ses manuscrits et publièrent des recueils de médecine paracelsienne. Ceux-ci attirèrent

Le médecin et alchimiste suisse Philippus Theophrastus Aureolus Bombastus von Hohenheim, dit Paracelse (1493-1541), critique envers la médecine de son temps, privilégiait l'expérience sur les savoirs contenus dans les livres.

des disciples, et la médecine paracelsienne fut l'objet d'une controverse terrible entre conservateurs et progressistes, en particulier en France.

Théorie du tout

Paracelse avait, en quelque sorte, élaboré une théorie du tout. Son système expliquait tout à la fois la médecine, le corps humain, l'alchimie, l'astrologie, la religion et la structure fondamentale du cosmos. Il avait produit l'une des premières versions de ce que les historiens des sciences nomment désormais la « philosophie chimique » : une théorie selon laquelle la transformation chimique sert d'analogie à l'ensemble des processus.

Pour lui, chaque phénomène naturel était fondamentalement un processus alchimique. L'évaporation de l'humidité du sol et sa retombée sous forme de pluie étaient l'équivalent de la distillation et de la condensation dans la fiole de l'alchimiste. La croissance des plantes et des animaux était également une sorte d'alchimie. Même la création du monde selon la Bible était essentiellement un processus alchimique : une séparation de la terre et de l'eau. Cette philosophie semble particulièrement fantaisiste aujourd'hui, mais elle était néanmoins rationnelle et mécaniste : elle pouvait attribuer des causes naturelles et compréhensibles à tous les phénomènes.

Paracelse fut l'un des plus fervents défenseurs de ces idées au début de la Renaissance, mais elles ne sortaient pas entièrement de son imagination. La philosophie chimique trouve son origine dans le néoplatonisme, doctrine philosophique dérivée des enseignements de Platon mais transformée en une sorte de philosophie mystique par le philosophe grec Plotin au IIIe siècle. L'une des idées principales du néoplatonisme est la correspondance entre le macrocosme et le microcosme : les phénomènes se déroulant dans les cieux et dans le monde naturel présentent des analogies directes avec le corps humain, ou avec les processus observés dans les fioles et les alambics des alchimistes.

Paracelse développa cette idée, et proposa que la correspondance entre le macrocosme et le microcosme se traduisait par la présence de « signatures » dans la nature. Celles-ci révélaient, par exemple, les usages médicaux des plantes : celles ayant une forme de rein pouvaient ainsi traiter les problèmes rénaux. Ces signatures étaient des signes laissés par Dieu pour guider le médecin vers la bonne utilisation des herbes médicinales. Elles illustrent le caractère symbolique de la philosophie chimique.

Système des humeurs

L'application de la philosophie chimique à la médecine entrait en conflit avec l'enseignement traditionnel dispensé aux futurs médecins dans les facultés. Cet enseignement traditionnel se fondait sur des idées développées durant l'Antiquité, notamment celles attribuées au philosophe grec du Ve siècle av. J.-C. Hippocrate et au médecin romain du IIe siècle Galien. Selon ces idées, notre santé était gouvernée par quatre fluides corporels appelés humeurs : le sang, le phlegme, la bile noire et la bile jaune. Toute maladie résultait d'un déséquilibre des humeurs, et la tâche du médecin consistait donc à restaurer l'équilibre par le biais de remèdes, d'un régime ou, souvent, de saignées.

Ce système des humeurs servait de base théorique au travail des médecins académiques du Moyen Âge et de la

Renaissance, mais les liens avec leur pratique quotidienne étaient en général plutôt ténus. Ils prescrivaient régulièrement des remèdes à base d'herbes ou de minéraux vendus par les apothicaires. Les honoraires des médecins étaient très élevés, et seuls les marchands et les nobles pouvaient s'offrir leurs services. Personnalités éminentes de la société, les médecins étaient le plus souvent richement habillés.

Travail manuel

Paracelse méprisait tout cela. Il ne partageait pas le dédain des médecins pour le travail manuel et ne supportait pas la manière dont ils paradaient en étalant leur opulence. Pis encore, il considérait que la médecine classique, avec sa théorie des humeurs, était dans l'erreur. Il fut scandalisé lorsqu'il découvrit qu'à l'université il suffisait d'apprendre et de mémoriser les livres de Galien et d'Avicenne pour devenir docteur en médecine. Il soutenait que seule l'expérience, et non l'apprentissage dans les livres, permettait véritablement de savoir soigner.

En apportant une perspective alchimique à l'étude de la vie et de la médecine, Paracelse a participé à l'unification des sciences. Auparavant, l'alchimie se focalisait sur la transmutation des métaux. Pour Paracelse, son intérêt principal résidait dans la fabrication de remèdes. De la même manière que les alchimistes reproduisaient la transmutation des métaux (dont il pensait qu'elle se produisait spontanément dans la nature), ils pouvaient utiliser des remèdes alchimiques pour déclencher un processus naturel de guérison.

L'une de ses idées les plus fécondes fut l'affirmation qu'il y avait un alchimiste en chacun de nous, une sorte de principe qu'il appela l'*archeus*. Selon lui, cet alchimiste séparait le bon du moins bon dans la nourriture et les boissons que nous ingérons. L'*archeus* utilisait les bons ingrédients pour fabriquer la chair et le sang, tandis que les mauvais ingrédients étaient expulsés sous forme de déchets. Ainsi, Paracelse a conçu une sorte d'alchimie biologique, ancêtre de la biochimie moderne, qui considère désormais la nature comme un chimiste génial capable de séparer les molécules puis de les réarranger pour former nos cellules.

Chimiothérapie

Par-dessus tout, Paracelse a défendu l'idée que la médecine devait utiliser des remèdes chimiques particuliers pour traiter des affections spécifiques. C'était un système de chimiothérapie qui laissait peu de place aux solutions universelles, notamment aux saignées, prescrites dans le cadre de la théorie des humeurs. À la fin du XVIe siècle, cette approche chimique paracelsienne du traitement s'est fait connaître sous le nom d'« iatrochimie », littéralement « chimie de la médecine ».

L'iatrochimie fut relativement bien accueillie en Angleterre, mais elle provoqua des débats acharnés en France, notamment au sein de la très conservatrice faculté de médecine de l'université de Paris. Cet accueil radicalement différent fut en partie motivé par des raisons religieuses.

Paracelse lui-même ne se reconnaissait d'aucune Église, mais beaucoup le considéraient comme proche de la Réforme. Il faut dire qu'il s'est lui-même comparé à Martin Luther. Ainsi, ses idées reçurent un bien meilleur accueil de la part des protestants que de celle des catholiques.

Tensions religieuses

Les tensions religieuses étaient particulièrement vives en France, notamment lorsque le roi de Navarre, huguenot, fut couronné en 1589 sous le nom d'Henri IV. Bien que celui-ci se soit préalablement converti au catholicisme, la crainte de voir se constituer une cour huguenote à Paris sembla confirmée lorsque le nouveau roi choisit le médecin suisse Jean Ribit pour premier médecin et appela également à ses côtés deux autres médecins huguenots défendant les idées de Paracelse, le Gascon Joseph Duchesne et un autre Genevois, Théodore Turquet de Mayerne.

En réponse à un livre de médecine paracelsienne publié par Duchesne en 1603, Jean Riolan, doyen de la faculté de médecine de Paris, publia une attaque dirigée contre celui-ci et Mayerne. Il affirmait la suprématie de la médecine d'Hippocrate et de Galien. Bien que les deux paracelsiens aient cherché à se défendre, ils n'obtinrent le retrait de ces accusations accablantes qu'après avoir accepté de pratiquer la médecine selon les règles des autorités conservatrices.

Toutefois, les paracelsiens contre-attaquèrent. Vers 1604, Ribit et Mayerne aidèrent Jean Béguin, iatrochimiste huguenot, à installer un laboratoire pharmaceutique à Paris afin de promouvoir la médecine chimique. En 1612, Béguin publia un manuel exposant les principes de l'iatrochimie d'une manière claire et directe, à l'opposé du style alambiqué et du jargon élaboré utilisés par Paracelse. Lorsque ce texte en latin fut traduit en français cinq ans plus tard sous le titre *Les Élemens de chymie,* il permit de faire la propagande de l'iatrochimie.

L'affrontement entre galiénistes et paracelsiens se prolongea pendant une bonne partie du XVIIe siècle. Les choses semblèrent mal engagées pour les radicaux quand Henri IV fut assassiné en 1610. L'année précédente, il avait été empêché de faire de Mayerne son nouveau premier médecin. Privé de protection royale, ce dernier accepta une offre précédente émanant de Jacques Ier d'Angleterre et s'établit de l'autre côté de la Manche, où il prospéra.

Mais le vent tourna. En 1616, l'iatrochimiste Gui de la Brosse, proposa au roi la création d'un jardin botanique royal. Cette institution fut finalement inaugurée vingt ans plus tard sous le nom de Jardin du roi. En 1647, le Jardin nomma en outre le premier professeur de chimie de France : William Davidson, un Écossais ardent défenseur des idées de Paracelse.

Le soutien de Davidson à l'usage médical de l'antimoine était particulièrement condamnable aux yeux de la faculté de médecine de Paris. Depuis le début du siècle, paracelsiens et galiénistes s'opposaient pour savoir si l'antimoine devait être considéré comme un remède ou un poison (c'est en réalité un élément assez toxique). Les membres de la faculté de médecine furent particulièrement scandalisés par la déclaration de Davidson selon laquelle *« il n'y a pas de remède plus noble sous les cieux »* et ils parvinrent à le chasser de son poste en 1651, au moment où Riolan le Jeune fit republier la condamnation de son père à l'encontre de Duchesne et Mayerne.

L'oreille du souverain

Il était toutefois trop tard pour les galiénistes. Le Jardin du roi, qui finit par devenir l'une des institutions françaises les plus influentes en matière de chimie et de médecine, continua à soutenir l'iatrochimie. Les professeurs du Jardin du roi pro duisirent une série de manuels de chimie qui

Et aussi...

De *humani corporis fabrica*, objet de discorde

Lorsque le traité d'anatomie *De humani corporis fabrica* voit le jour en 1543, il devient immédiatement un objet de discorde. Son auteur, l'anatomiste belge André Vésale, y présente une nouvelle étude détaillée du corps humain, mais aussi une attaque contre ses anciens professeurs de l'université de Paris. Il souligne leur manque d'esprit critique envers les enseignements de Galien, référence à l'époque. Ce médecin de la Grèce antique décrivait pourtant l'anatomie humaine à partir de dissections de singes. Les professeurs de Vésale, dont Jacobus Sylvius, sont outrés par le manque de respect de l'élève. Ils rappellent que Galien a aussi pratiqué la chirurgie humaine. Vésale va cependant démontrer les erreurs des galénistes lors d'une dissection publique. Face au débat, le roi Charles Quint ouvre une enquête à l'université de Salamanque dont l'enjeu est la censure du livre. Les moines théologiens sollicités approuvent néanmoins Vésale et le bien-fondé des autopsies. Une révolution à une époque où cette pratique est encore très timide. Le traité devient de ce fait l'ouvrage fondateur de l'anatomie moderne.

connurent un grand succès, notamment le plus célèbre d'entre eux, le *Cours de chimie* de Nicolas Lemery, publié en 1675. Ces hommes étaient des individus sensés et pratiques qui débarrassèrent l'iatrochimie de ses fantaisies paracelsiennes et de son jargon baroque. Ils placèrent la médecine chimique, et la chimie elle-même, sur des fondements solides, ouvrant ainsi la voie aux succès de Lavoisier un siècle plus tard.

Quel était réellement l'objet de cette longue et âpre controverse ? Bien entendu, c'était en partie une lutte de pouvoir pour déterminer qui aurait l'oreille du souverain, mais aussi qui dicterait la pratique de la médecine (et en récolterait les bénéfices financiers).

Toutefois, il serait trop simple d'étiqueter Riolan et ses collègues comme des réactionnaires dépassés. Après tout, ils avaient raison à propos de l'antimoine, même si c'était avec de mauvais arguments. Ils avaient également raison de critiquer certains des excès les plus fantaisistes des idées de Paracelse.

Leur opposition a contraint les iatrochimistes à éliminer ces idées, à trier le bon et le moins bon. De plus, puisqu'aucune sorte de médecine n'était réellement efficace à l'époque, il n'y avait pas vraiment de justification empirique contredisant la méthode traditionnelle. Cette querelle rappelle que l'introduction de nouvelles idées scientifiques repose peut-être autant sur le pouvoir de la bonne rhétorique que sur les preuves elles-mêmes.

On en parle aussi...

Remède mortel

Une petite plante, l'*Aconitum pardalianches* – l'aconit tue-panthère – nommée ainsi à cause de sa toxicité et décrite dans l'Antiquité par le Grec Discorides, déclenche une controverse en 1555. Deux savants, l'Italien Pierandrea Mattioli et le Suisse Conrad Gesner, commencent par s'en disputer la première identification sur pied. Mais surtout, un autre botaniste italien, Giacomo Antonio Cortusio, s'en mêle. Pour lui, la description de Discorides correspond en fait à une autre plante : le doronic, utilisé lui... comme remède ! Cortusio finit par montrer qu'à forte dose, elle est en fait toxique. L'aconit de Discorides et le doronic ne sont en fait qu'une seule et même plante. Rebaptisée, *Doronicum pardalianches,* elle est retirée des pharmacies.

Peste vénitienne

En 1576, une maladie mortelle se répand dans Venise. Pour l'office sanitaire de la ville, la peste ne fait aucun doute. Mais Girolamo Mercuriale, détenteur de la chaire de médecine de l'université de Padoue, réfute ce diagnostic. Dépêché par les autorités de Venise, il s'oppose à l'office sanitaire, et incite la ville à lever ses mesures de quarantaine. Cette erreur, car il s'agissait bel et bien de la peste, contribuera à la mort d'un tiers des Vénitiens.

Univers infini

En 1584, le philosophe italien Giordano Bruno publie son livre *L'Infini, l'Univers et les Mondes.* Cet ouvrage lui attire les foudres de l'Église. Il y soutient l'héliocentrisme de Copernic et l'existence d'une infinité de systèmes solaires similaires au nôtre, pouvant abriter d'autres créatures vivantes. Il ajoute que l'Univers étant infini, la Terre ne peut en être le centre. Sa pensée visionnaire n'est cependant pas étayée scientifiquement, et se heurte aux préceptes de l'Église. L'Inquisition l'arrête en 1592 et, devant son refus de se rétracter, le condamne pour hérésie au bûcher sur lequel il brûlera en 1600.

2

L'INVENTION DU CALCUL DIFFÉRENTIEL

Newton contre Leibniz

Les deux savants proposent chacun de leur côté une méthode d'analyse mathématique pour résoudre des problèmes complexes, notamment ceux liés à la trajectoire des corps. L'un a-t-il plagié l'autre ?

La scène se passe aux Tuileries, dans les années 1800. À la cour de l'Empereur, on s'ennuie ferme. Pour mettre un peu d'animation, celui-ci a invité des intellectuels. En particulier, Jacques-Henri Bernardin de Saint-Pierre.

Le philosophe, devenu célèbre grâce à son roman *Paul et Virginie* publié avant la Révolution, se plaint d'être moqué par les savants de l'Académie des sciences. Depuis des mois, il tente, en vain, de les persuader que c'est la fonte des glaciers, et non la

L'essentiel

- En 1684, Leibniz décrit le premier une méthode de calcul qui permet d'analyser les fonctions mathématiques.
- Trois ans plus tard, Newton propose sa propre méthode, appliquée à l'étude du mouvement des corps.
- Les deux savants, qui étaient jusque-là en bons termes, s'affrontèrent jusqu'à leur mort pour revendiquer la paternité de ce calcul différentiel.

Lune, qui provoque les marées. Et il ne comprend vraiment pas cette pluie de quolibets qui s'abat sur lui. « *Connaissez-vous le calcul différentiel?,* lui demande alors Napoléon, admirateur du romancier, mais dédaigneux de ses prétentions scientifiques. – *Non,* avoue Bernardin de Saint-Pierre. – *Eh bien, apprenez-le,* lui conseille l'Empereur. *Et vous vous répondrez vous-même.* »

Pauvre Bernardin de Saint-Pierre ! Le voilà, une fois de plus, ridiculisé. Comment peut-il tout à la fois se revendiquer de l'élite scientifique et ignorer le calcul différentiel et intégral, partie des mathématiques qui traite des variations infiniment petites ?

Inventée à la fin du XVIIe siècle, cette technique ne se contente pas de bouleverser la géométrie des courbes avec ses tracés de tangentes et autres calculs d'aire : elle se propage à toutes les sciences. Grâce à elle, l'homme dispose pour la première fois de son histoire d'un moyen de transposer les changements qui gouvernent son univers, en traduisant sous forme d'équation les lois qui régissent les variations de n'importe quelle grandeur, température, vitesse, pression, etc. L'outil est si puissant qu'aujourd'hui encore il reste incontournable pour apprécier des phénomènes aussi divers que la croissance des bactéries en culture, la charge d'un condensateur électrique ou la trajectoire d'une navette spatiale.

Révolution orpheline

Isaac Newton

Gottfried Wilhelm Leibniz

Une révolution. Mais une révolution orpheline. Car, aussi incroyable que cela puisse paraître, plus de trois siècles après la naissance du calcul différentiel, le nom de son inventeur reste débattu. Qui, du Britannique Isaac Newton ou de l'Allemand Gottfried Wilhelm Leibniz en a le premier échafaudé les fondements ? Manipulations, défis mathématiques, messages cryptés. La controverse qui opposa ces deux scientifiques ressemble à un mélange de tragédie shakespearienne et de thriller moderne.

Rien ne laissait présager une telle bagarre lorsque ces deux génies, presque au faîte de leur gloire, publièrent leurs travaux, à seulement quelques années d'intervalle. C'est Leibniz qui les dévoila le premier, en 1684, dans les *Actes des savants.* Son texte décrit « *une nouvelle méthode pour chercher les maxima et les minima, ainsi que les tangentes, accompagnée du calcul original qui s'y applique* ».

Celle de Newton, dite des fluxions, ne paraîtra que trois ans plus tard, dans ses *Principes mathématiques de la nature,* dans lesquels il expose aussi sa loi de la gravité. Loin de revendiquer la paternité de l'invention, Newton y cite même ses échanges sur le sujet avec Leibniz, dont il parle en d'excellents termes… dans un passage qu'il fera supprimer dans les éditions ultérieures : « *Il y a dix ans qu'étant en commerce de lettres avec M. Leibniz, très savant géomètre, et lui ayant donné avis que j'étais en possession d'une méthode pour déterminer les tangentes et les questions de minima et maxima, il me répondit qu'il avait aussi une telle méthode qu'il me communiqua et qui ne différa de la mienne que dans les termes et dans les signes, comme aussi dans l'idée de la génération des grandeurs.* » Cordial, Leibniz lui rend la politesse : « *J'ai déclaré publiquement combien te doit la Science des choses Mathématiques et de toute la Nature.* (…) *Toi seul as fait en ce genre quelque chose qui vaille la peine.* »

Après tout, quoi de plus naturel pour ces deux scientifiques de s'intéresser à ce calcul ? Au début du siècle l'astronome Johannes Kepler avait lancé un appel à l'aide à tous les géomètres dans le but de trouver une méthode générale pour déterminer des quadratures d'ellipse, qui nécessitaient de calculer des tangentes. Blaise Pascal et Pierre de Fermat en avaient d'ailleurs jeté les bases. Mais les méthodes de Leibniz et de Newton allaient beaucoup plus loin.

Pendule et chaînette

Elles s'imposèrent d'ailleurs progressivement, en permettant de résoudre des problèmes inabordables jusque-là. Par exemple, en s'attaquant aux courbes dites transcendantes, impossibles à exprimer au moyen de fonctions polynomiales. Ainsi de la courbe isochrone, reproduisant la trajectoire d'un pendule d'horloge au mouvement périodique et régulier, dont Leibniz détermine l'équation dès 1687. Trois ans plus tard, c'est au tour de la courbe caténaire (aussi appelée « chaînette », qui a la forme d'un câble suspendu par ses extrémités à deux piliers) de livrer ses secrets grâce à la méthode du savant allemand.

En cette toute fin de XVIIe siècle, toute l'Europe des mathématiques commence donc à bruisser des applications du « calcul différentiel » dont on attribue d'abord les mérites à Leibniz. Au grand dam de John Wallis, vieux mathématicien britannique presque aussi réputé pour ses talents de cryptographe que pour son chauvinisme, pour ne pas dire sa xénophobie. Dans son essai *Philosophes en guerre,* publié en 1980, l'épistémologue britannique Rupert Hall, fin connaisseur de Newton, n'hésite pas à comparer Wallis à Iago, le manipulateur retors et machiavélique de la tragédie *Othello* de Shakespeare. « *Wallis a trompé le public et empoisonné les relations entre les deux savants qui jusque-là, entretenaient des relations cordiales et respectueuses* », écrit-il.

Wallis insinue en effet dans l'esprit de Newton que Leibniz s'est approprié son calcul. « *On m'a donné avis de Hollande, que* (…) *votre doctrine des Fluxions y est fort applaudie, sous le nom de Calcul Différentiel de M. Leibniz.* (…) *Ce n'est pas avoir de justes égards pour votre réputation, ni pour celle de la Nation, que de laisser* (…) *d'autres se saisir de la réputation qui vous est due* », cancane-t-il dans une lettre envoyée à Newton. En 1695, il publie un essai sur la méthode des fluxions de ce dernier, auquel il attribue la paternité du calcul différentiel et intégral.

Le défi de Bernoulli

Fervent admirateur de Leibniz, le Bâlois Jean Bernoulli s'insurge des affirmations de Wallis. En réponse à la polémique naissante, il lance en juin 1697 un défi à toute la communauté mathématique, sachant que seuls ceux qui maîtrisent le calcul différentiel pourront le relever. L'exercice porte sur une autre courbe transcendante, la courbe brachistochrone, dite aussi « courbe de la plus brève descente ».

Le problème, à résoudre dans un délai de six mois, consiste à déterminer la trajectoire la plus rapide entre deux points. L'énigme est bien plus complexe qu'elle en a l'air : le trajet le plus rapide n'est pas la ligne droite, car avec la gravité, un chemin courbe engendrant une plus forte accélération permettra d'arriver plus vite. Mais quelle courbe ?

Même Galilée s'y était cassé les dents un demi-siècle plus tôt, en affirmant que la solution était un arc de cercle. Mauvaise réponse ! La clé de l'énigme est la cycloïde, trajectoire décrite par un point situé à la périphérie d'une roue.

En dehors de Bernoulli, Leibniz est le seul à résoudre l'énigme dans les délais impartis. Mais la solution n'est pas publiée immédiatement. Pour tester la diffusion de sa méthode, le savant allemand demande à Bernoulli de rallonger le délai de six mois, le temps de s'assurer que les plus grands mathématiciens d'Europe ont bien reçu l'énoncé.

Le Suisse accepte d'autant plus volontiers que cela lui permet de relancer l'intérêt pour son casse-tête et surtout de titiller Newton : « *Très peu sont capables de résoudre ce problème,* écrit-il alors, *même parmi les très grands mathématiciens qui se vantent d'avoir repoussé les frontières du calcul par des théorèmes dorés qui n'étaient – pensaient-ils alors – connus de personne. Mais qui, en fait, avaient été déjà publiés avant par d'autres.»* John Conduitt, biographe contemporain de Newton, raconte que, piqué au vif, celui-ci se saisit un jour du problème dès son retour de la Royal Society, en fin d'après-midi, et ne s'arrête que lorsqu'il trouve la solution, vers quatre heures du matin, en pestant copieusement contre ces étrangers qui ont osé le mettre à l'épreuve.

Une méthode absconse

Dans cette querelle, Newton a un handicap: sa méthode reste encore absconse, à la différence de celle de Leibniz, qui a permis d'apporter des réponses à des problèmes jusqu'ici insolubles. Le savant britannique n'en délivre véritablement les clés qu'en 1704, dans son *Traité de la quadrature des courbes.* Un brin arrogant, Leibniz commente alors: *«Les éléments de ce calcul ont été exposés par l'inventeur M. Leibniz* (…). *Au lieu des Différences de Leibniz, Newton considère et a toujours considéré les Fluxions, qui sont les accroissements des variables engendrés dans les parties égales et aussi petites qu'on le voudra, du temps. Et il s'en est servi élégamment tant dans ses* Principes mathématiques de la nature *que dans ses autres ouvrages édités postérieurement.»*

Colère froide de Newton. Le scientifique voit dans ce passage la négation de ses droits d'inventeur. Pis encore: une accusation de plagiat qu'il ressent comme une injure.

Sa riposte menée quatre ans plus tard est d'autant plus violente. Comme souvent, Newton ne monte pas lui-même en première ligne. C'est John Keill, professeur d'astronomie à Oxford, membre de la Royal Society et admirateur de Newton qui s'en charge en affirmant à son tour que son idole est le premier inventeur du nouveau calcul. Selon lui, le philosophe allemand n'a fait qu'en changer le nom et la notation.

Cette fois, Leibniz réclame à la Royal Society la rétractation pure et simple de ce qu'il estime être de la pure diffamation. Loin d'être apaisé, le conflit atteint alors un point de non-retour avec la parution en 1712 d'un rapport censé réunir toutes les pièces relatives à cette controverse. Intitulé *« commercium epistolicum »*, « commerce des lettres », il est officiellement l'œuvre d'un comité nommé par la Royal Society pour statuer définitivement sur la paternité de l'invention du nouveau calcul. En réalité, les membres de ce comité ont été choisis par Newton, lui-même.

En guise de preuve, ils ont réuni, pour l'essentiel, des lettres remontant à 1676, soit huit ans avant la publication de Leibniz. Signées de la main de Newton, elles seraient parvenues à Leibniz par l'intermédiaire du secrétaire de la Royal Society et attesteraient que l'Allemand a eu connaissance dès cette date de la méthode des fluxions de son rival. *« Je n'ai jamais nié que j'aie vu quelques lettres de M. Newton, mais je n'en ai jamais vu où M. Newton ait expliqué sa méthode des fluxions »*, se défend Leibniz.

En fait, la méthode est – très sommairement – décrite, sous forme cryptée dans une anagramme ! Une manière pour Newton de marquer l'antériorité de la découverte tout en la gardant secrète. Et que dit le message secret ? *« Une équation donnée contenant plusieurs quantités fluentes, trouver les fluxions et réciproquement. »* Avec le recul, aujourd'hui, on prend conscience de la portée de cette petite phrase, qui revient à dire que la connaissance des infimes variations d'une grandeur permet de calculer la variation de cette grandeur. Mais même dans le cas improbable où l'anagramme eût été déchiffrée, on se demande ce qu'aurait pu en faire Leibniz.

Et aussi...

Galilée contre Grassi

Galilée

Face à Grassi, Galilée lance de mauvais plans sur les comètes. En cette fin d'année 1618, Galilée est inconsolable. Malade, cloué au lit, l'astronome n'a pu assister au spectacle des trois comètes qui ont traversé le ciel à quelques semaines d'intervalles. Impossible pour lui de tirer des leçons des observations qu'il n'a pu réaliser.
Le père jésuite Orazio Grassi, lui, a eu cette chance. Dans une conférence consacrée au phénomène, ce professeur de mathématiques au Collège romain définit les comètes comme des astres tournant autour du Soleil, loin de la Terre, bien au-delà de la Lune, avant de retourner d'où elles sont venues, dans des régions encore plus éloignées du ciel. Leur course est régulière, mais ne semble pas correspondre à une orbite circulaire, plutôt à une ellipse. Furieux d'avoir été devancé – et de n'avoir même pas été cité –, Galilée décide de démonter ses thèses dans son Discours sur les comètes.

Il ne fait pas dans la demi-mesure : il nie l'existence même des comètes ! Selon lui, il s'agirait d'illusions optiques, analogues aux aurores boréales ou aux arcs-en-ciel, et dues à la réflexion de la lumière solaire sur les vapeurs terrestres parvenues à très haute altitude. L'ouvrage est signé par son disciple Mario Guiducci, pour mieux reprocher à Grassi de n'avoir pas cité les découvertes de l'« illustre Galilée ».

Le style et la hargne de l'astronome italien sont toutefois si reconnaissables que personne n'est dupe. Surtout pas Grassi, qui lui répond en 1619 sous le pseudonyme de Sarsi. Le titre de la lettre, « La balance astronomique et philosophique », suggère que les idées de Galilée ne font pas le poids.

Refusant de céder, Galilée publie trois ans plus tard L'Essayeur. L'essai fait sensation. Plus pour le talent dialectique et littéraire de son auteur que pour la solidité des arguments. Mais le but est atteint, Sarsi alias Grassi est ridiculisé. « Vous n'y pouvez rien, Monsieur Sarsi, plastronne Galilée dans un de ses élans de mégalomanie. Il a été donné à moi et moi seul de découvrir tous les nouveaux phénomènes du ciel, et rien aux autres. Telle est la vérité, que ni la malice ni l'envie ne peuvent étouffer. »

Et pourtant, Grassi avait vu juste. Du reste, l'ouvrage ne contribua qu'à satisfaire l'orgueil de Galilée : non seulement L'Essayeur n'apporta rien au débat sur les comètes, mais il le brouilla définitivement avec les jésuites.

Approche cinématique

D'un côté ou de l'autre, la thèse du plagiat paraît d'autant plus improbable que les méthodes employées par les deux mathématiciens sont assez différentes. Newton aborde le calcul différentiel par la cinématique, partant de la trajectoire d'un solide ou d'un point, dont le mouvement dans l'espace serait fait d'une suite infinie de mouvements rectilignes uniformes d'une durée infiniment petite. Sa méthode ne tient compte que d'un seul type de variable, le temps.

Celle de Leibniz, qui s'attaque au problème par la géométrie classique, permet de traiter tous types de grandeur. *« Je ne disconviens pas que M. Leibniz l'ait pu trouver de lui-même,* finira par reconnaître Newton. *Mais après moi. Et les seconds inventeurs n'ont pas de droit à l'invention. »*

Même les décès des deux savants (Leibniz en 1716, Newton en 1727) ne suffisent pas à éteindre la querelle, qui continua à diviser l'Europe des sciences pendant des décennies. Depuis on ne sait toujours pas vraiment qui, de ces deux génies, est le père du calcul différentiel. Et alors ? Comme l'écrivit Bernard de Fontenelle dans l'éloge qu'il prononça à l'Académie des sciences françaises peu après la mort de Leibniz : *« Si M. Leibniz n'est pas, de son côté, aussi bien que M. Newton, l'inventeur du système des infiniments petits, il s'en faut… infiniment peu. »*

On en parle aussi…

Vide contesté

Le chimiste et physicien irlandais Robert Boyle défend l'existence du vide face au philosophe anglais Thomas Hobbes, qui soutient mordicus le contraire. Pour étayer sa thèse, Boyle s'appuie sur ses expériences réalisées entre 1650 et 1660 à l'aide d'une pompe à air, mais Hobbes conteste leur validité. Depuis, la physique classique a admis l'existence du vide, avant que la physique moderne vienne relativiser cette idée, en mettant en évidence dans le « vide » la présence de champs électriques, magnétiques ou gravitationnels.

Guerre des pendules

Dans son ouvrage *Horologium oscillatorium,* qu'il dédie à Louis XIV, l'astronome et physicien néerlandais Christian Huygens décrit en 1673 une horloge utilisant un pendule qui oscille à intervalle de temps égaux. L'horloge à pendule est née. Mais le Britannique Robert Hooke lui conteste la paternité de cette invention, qu'il affirme avoir mise au point quelques années auparavant. En vain.

Sympathie et magie

Faut-il interdire la poudre de sympathie ? Telle est la question qui taraude l'élite médicale et religieuse en ce début de XVIIe siècle. Non pas qu'on doute de l'efficacité de ce baume guérisseur, qui a la particularité de s'appliquer à distance, sur l'arme qui a provoqué la blessure – et non sur la plaie elle-même. Mais cet onguent à base de vin, de graisse de sanglier, de vers rôtis et de cervelle séchée est soupçonné d'être un instrument de magie noire. Faute d'avoir pu expliquer son mode d'action, le remède tombera finalement de lui-même en désuétude, sans que quiconque eût dénoncé son inefficacité.

3

L'INOCULATION DE LA VARIOLE

Les probabilités contre la morale

Au début du XVIIIe siècle, le risque de mourir de la petite vérole est bien plus grand que celui encouru en s'inoculant la maladie. Pourtant cette nouvelle pratique ne prend pas.

L'inoculation de la variole est une technique minimaliste : une entaille, du pus pris d'une variole, quelques jours de fièvre et l'espoir d'être exempt à jamais de la terrible maladie en échange de quelques pustules. Au XVIIIe siècle, cette maladie, qu'on appelle aussi la petite vérole, tuait entre une personne atteinte sur vingt et une personne sur sept, suivant la virulence de l'épidémie. Principalement des enfants en bas âge. Quand on en réchappait, on restait souvent

L'essentiel

- La pratique de l'inoculation fournit, dès 1720, la première occasion d'appliquer la théorie des probabilités à la gestion de la santé.
- De la faculté de théologie aux parlements provinciaux, toutes les institutions définissant le licite et l'illicite, la rejettent.
- Dans les années 1770, l'inoculation est interdite dans de nombreuses villes.

disgracié, parfois aveugle, sourd, débile ou bien tout cela à la fois. L'inoculation reposait sur un principe simple : comme on n'attrape la variole qu'une seule fois, autant l'avoir en bonne santé, bien préparé, lorsque l'épidémie est bénigne.

Innovation gigantesque

Technique minimaliste, l'inoculation constitue néanmoins une innovation gigantesque : plutôt que de recourir à une stratégie de blocus (hygiène, désinfection, quarantaine), elle implique de se donner la maladie, de l'accepter, de la répandre même, afin de mieux la contrôler ! Aussi, cette nouvelle pratique, importée d'Asie dans les années 1720, suscita-t-elle en Europe l'une des plus grandes controverses du XVIIIe siècle. D'abord en Angleterre et en Nouvelle-Angleterre, puis en France, dans les États Allemands et en Italie, parents, médecins, philosophes, mathématiciens, juristes, et théologiens discutèrent de sa légitimité.

Les personnes qui s'inoculèrent ou qui hésitèrent à s'inoculer furent aux prises avec les mêmes doutes : était-il légitime de courir volontairement un risque de mort ou de le faire courir à ses enfants ? Pire, l'inoculé devenant contagieux, il imposait un risque accru à son entourage et à la société en général. Deux positions s'affrontaient : les inoculateurs défendaient la liberté des individus de se protéger ; leurs opposants, la discipline collective qu'impose une police de la santé. On questionnait également le sens de cette pratique : la médecine pouvait-elle aller au-delà de la guérison ? Selon, un membre de la faculté de Paris, autoriser l'inoculation entérinerait l'existence d'une médecine de la « transformabilité » ou de la « mutabilité » du corps humain : la médecine serait entraînée sur une pente interventionniste dangereuse visant à l'amélioration sans fin du corps humain selon les désirs des patients.

L'inoculation constitue également un tournant, car elle fournit la première occasion d'appliquer la théorie des probabilités à la gestion de la vie elle-même. Jusqu'alors le vocable de risque était resté circonscrit au monde du commerce et de l'assurance. Soudainement, ce terme technique devint un outil générique de gouvernement de soi et des autres. Une vraie révolution : le risque fournissait un regard inédit sur sa propre vie, un repère inattendu pour l'action et une source de légitimité d'un nouvel ordre.

Selon un médecin bostonien, l'invocation des probabilités pour justifier une pratique manifestement immorale représentait un geste politiquement aussi dangereux que celui des sectes puritaines anglaises du XVIIe siècle qui se prétendaient directement inspirées par Dieu. À Paris, l'inoculation semblait remettre en question l'ordre social de la monarchie absolue. Un médecin de la Faculté expliquait qu'en légitimant une atteinte volontaire à son corps, le risque sapait *« le pouvoir que les Princes ont sur la vie des hommes comme ministres de Dieu. Supposer que la conduite de chacun par rapport à son corps aurait été abandonnée à son caprice... répugne à l'idée d'un gouvernement bien ordonné ».*

En France, c'est le mathématicien et académicien Charles Marie de La Condamine qui introduit l'argument probabiliste : le 24 avril 1754, il lit à l'Académie des sciences un mémoire sur ce sujet qui obtient un immense succès. Tous les journaux en rendent compte. L'un d'entre eux déclare :

« M. de La Condamine a fait une révolution. » Qu'y avait-il de si révolutionnaire à mettre en probabilité une technique médicale ?

Le moindre risque

Charles Marie de La Condamine

Le plus révolutionnaire dans ce mémoire réside dans la figure nouvelle créée par La Condamine : celle du mathématicien directeur de conscience. Aux scrupules moraux des parents qui hésitent à inoculer leurs enfants, il oppose des théorèmes : *« Le père doit-il exposer son fils volontairement ? »*, La Condamine répond *« oui, et je le démontre »*, et de conclure son raisonnement par *« Il est donc démontré dans toute la rigueur de ce terme… »* C.Q.F.D. Cette démonstration est fondée sur la comparaison des risques : le risque de mourir de la petite vérole naturelle au cours de sa vie est de 1/9, le risque de mourir de l'inoculation est d'environ 1/300. Selon La Condamine, l'inoculation *« n'est plus une question de morale ni de théologie, c'est une affaire de calcul: gardons-nous de faire un cas de conscience d'un problème d'arithmétique».* La conséquence du risque est radicale: tout individu raisonnable doit choisir de courir le moindre risque, il n'y a selon La Condamine qu'une seule manière possible de se comporter.

Et pourtant, bien peu de monde accepte de se faire inoculer. En 1758, après quatre ans de propagande menée par le groupe constitué autour de La Condamine, on ne recense pas même cent inoculés à Paris. Dix ans plus tard, un peu plus de mille, dans la France entière. L'élite éclairée à laquelle s'adressait l'argument probabiliste ne se presse pas au portillon de l'inoculation.

Danger trop simplifié

Comment expliquer cet échec? Les raisons sont multiples. Morales avant tout: de la faculté de théologie aux parlements provinciaux, toutes les institutions définissant le licite et l'illicite la rejettent. Décrire le risque inoculatoire comme un risque choisi, individuel et donc moral simplifie trop la nature du danger. Le problème moral ne réside pas tant dans le choix que dans le non-choix, non-choix des enfants qui sont inoculés en bas âge et non-choix des proches des inoculés qui sont exposés à la contagion. Dans les années 1770, l'inoculation est donc interdite dans de nombreuses villes.

Le refus de l'inoculation est aussi d'ordre psychologique. Les premiers inoculés sont de jeunes aristocrates qui interprètent le danger de l'inoculation non pas comme un risque faible appelant une décision rationnelle mais comme un acte héroïque. Les inoculations des enfants du duc d'Orléans en 1756 sont louées et une épopée en vers leur est même consacrée.

Et aussi...

Maupertuis et la forme de la Terre

Pierre Louis Moreau de Maupertuis

Doué et arrogant, le jeune académicien, en démontrant que la Terre est aplatie aux pôles, fait triompher la physique de Newton sur celle de Descartes.

« Héros de la physique, Argonautes nouveaux – Qui franchissez les monts, qui traversez les eaux – Dont le travail immense et l'exacte mesure – De la terre étonnée ont fixé la figure. » En 1737, Voltaire se fait lyrique pour exprimer son admiration pour Pierre Louis Moreau de Maupertuis. L'intrépide géomètre, nommé à l'Académie des sciences en 1723 à l'âge de 25 ans, a reçu le soutien du philosophe lors d'une des plus vives polémiques scientifiques du xviiie siècle en France : la forme de la Terre.

Deux écoles s'affrontent. D'un côté, les « cartésiens », menés par Jacques Cassini, directeur de l'Observatoire de Paris. Ils sont influencés par le mathématicien français René Descartes, en particulier par sa « théorie des tourbillons ». Pour Descartes, le mouvement des planètes serait dû à des tourbillons dans l'éther, substance impalpable véhiculant notamment la lumière, dont l'existence sera démentie à la fin du XIXe siècle.

Une thèse inacceptable pour l'autre école, celle des « newtoniens », qui défendent les lois de la gravitation universelle formulées par Isaac Newton en 1687. Maupertuis a séjourné en Angleterre en 1728 et s'est passionné pour les théories de ce dernier, qu'il va chercher à diffuser en France. Newton avait notamment prédit que la rotation de la Terre imprime à celle-ci la forme d'un « ellipsoïde de révolution », légèrement renflé à l'équateur et aplati aux pôles.

De fait, en 1672, l'astronome français Jean Richer constate qu'un pendule oscille plus lentement à Cayenne en Guyane qu'à Paris, signe que la force de gravité y est plus faible parce que, si la prédiction de Newton est exacte, on s'y trouve plus éloigné du centre de la Terre qu'aux pôles. Cependant, Cassini, sur la base de mesures de méridien effectuées en France, conclut au contraire que la Terre est allongée selon l'axe des pôles, à la manière d'un ballon de rugby.

Seule solution : mesurer la longueur d'un degré de méridien au niveau de l'équateur et près d'un pôle, et comparer. L'Académie des sciences lance donc deux expéditions. L'une, au Pérou, en 1735, est conduite notamment par le géographe Charles Marie de La Condamine. L'autre, en Laponie, en 1736-1737, par Maupertuis et le jeune mathématicien Alexis Clairaut, qui jouera un rôle majeur dans l'exploitation mathématique des découvertes. Les deux expéditions rencontrent de grandes difficultés mais parviennent à un résultat : 56 768 toises à l'équateur, 57 437 toises près du pôle Nord (1 toise équivaut à 1,90 mètre).

La Terre est donc aplatie aux pôles. Maupertuis, rentré le premier, fait une communication triomphale de ses travaux à l'Académie des sciences. Arrogant, il fait discréditer les cartésiens par certains de ses collaborateurs, et publie même un pamphlet anonyme dans lequel il se moque de Cassini. Les cartésiens, de leur côté, contestent la précision des mesures de Maupertuis, et réussissent à l'évincer de l'Académie. Il s'exile quelques années en Prusse. Cela n'empêchera pas les idées newtoniennes de diffuser, avec l'aide notamment de Voltaire… qui se brouillera pourtant avec Maupertuis, jaloux du succès de ce dernier à la cour de Prusse. Après cette brouille, le philosophe modifie ses vers en un hommage caustique : « Vous avez confirmé en ces lieux plein d'ennui – ce que Newton connut sans sortir de chez lui. »

Obstacle du remords

La crainte du remords constitue sans doute l'obstacle le plus tenace contre l'inoculation. Madame Roland, figure de la Révolution dont le salon parisien était très prisé, connaissant les probabilités favorables, hésite tout de même à faire inoculer sa fille : *« Je me déciderais aisément pour des indifférents, car il y a beaucoup de probabilités en faveur ; mais je me reprocherais toute ma vie d'avoir exposé mon enfant aux exceptions à ce bien et j'aimerais mieux que la nature l'eût tué que s'il venait à l'être par moi »*. La psychologie se révèle décidément bien plus complexe que le « pèse-risques » sollicité par La Condamine.

Le mathématicien Jean Le Rond D'Alembert propose une analyse fondamentale pour expliquer cet échec psychologique de l'inoculation. Au lieu de calculer les risques objectifs de la variole et de l'inoculation, il essaie de mathématiser les atermoiements qu'elle entraîne. Les probabilités selon lui n'ont pas pour but de formater le sens commun mais de le décrire avec rigueur, ce qui est infiniment plus délicat. Il faudrait tout d'abord pouvoir prendre en compte ce qui ne s'appelle pas encore « la préférence pour le présent ». Or nul théorème ne dit comment comparer *« un risque immédiat avec la somme des risques de mourir à chaque âge de la petite vérole »*.

La « logique commune » que d'Alembert analyse intègre aussi le sens moral : perdre son fils de la petite vérole naturelle n'a pas les mêmes conséquences morales que le perdre par l'inoculation, ce dont la théorie des probabilités ne rend pas compte. Le risque qui devait réunir les individus rationnels éparpille les consciences. Il n'est pas prescriptif car sa perception est toujours individuelle : *« L'appréciation sera fort différente pour chaque particulier, relativement à son âge, à sa situation, à sa manière de penser et de sentir, au besoin que sa famille, ses amis, ses concitoyens peuvent avoir de lui… il n'y aura peut-être pas deux individus qui l'apprécieront également. »*

Argument biaisé

De plus, l'argument probabiliste était trompeur et simplificateur : comme les inoculateurs n'acceptaient que les individus en bonne santé, il revenait à comparer la mortalité variolique commune avec celle d'une élite sélectionnée. Pire, en se chargeant des sujets sains, les inoculateurs augmentaient mécaniquement la mortalité de la petite vérole naturelle puisque celle-ci tombait sur des gens en moins bonne santé.

Par ailleurs, l'acceptation de l'inoculation n'était pas uniquement liée à une question de vie ou de mort. La petite vérole présentait en effet de multiples faces. Certaines formes « discrètes » étaient bénignes. Proches de la varicelle, elles ne laissaient pas de cicatrices. À l'autre extrémité, les formes confluentes, putrides ou hémorragiques se révélaient le plus souvent mortelles. Entre les deux, un continuum de cas, de

Et aussi...

Historia Coelestis Britannica, objet de discorde

Au début du xviiie siècle, et depuis l'Antiquité, on croit les étoiles fixes. Les cartographier a donc pour but de fournir des repères fiables pour déterminer la trajectoire des planètes et des comètes. C'est ce à quoi s'attache le premier astronome royal britannique, John Flamsteed, dans son catalogue Historia Coelestis Britannica. L'ouvrage réunit les cartes du ciel les plus précises de l'époque, comme la constellation de Pégase ci-dessus. Mais en 1710, Edmond Halley, un de ses élèves, fait une découverte fondamentale : les étoiles ont un très léger mouvement propre. Beaucoup de trajectoires sont donc fausses. Flamsteed en est terriblement blessé. Il décide de garder ses observations pour lui. Mais en 1712, avec la complicité du physicien Isaac Newton, Halley les publie pour faire avancer leurs propres recherches. Le maître en nourrira une rancune tenace pour son élève. Et son catalogue définitif ne sera publié qu'après sa mort, en 1725.

symptômes et de cicatrices variés se prêtait mal au traitement statistique. Tout le problème était pourtant de savoir où se situait la petite vérole inoculée sur ce continuum. L'idéal était de juger sur pièce, en examinant les visages des inoculés ou, à défaut, en écoutant et en lisant des descriptions de corps inoculés.

Et, dans le petit monde des aristocrates ayant choisi de se faire inoculer, ce type de récits d'inoculation prolifèrent. En effet, au milieu du XVIIIe siècle, raconter son corps malade, décrire ses symptômes, coucher le tout sur une feuille de papier et l'envoyer à un ami ou à son médecin, toutes ces pratiques d'écriture et de correspondance sur les corps sont communes. Les récits médicaux s'inscrivant dans les usages mondains de la lettre, maints journaux d'inoculation, maintes consultations épistolaires circulent dans les salons avant de finir dans les colonnes d'un périodique.

Patients narrateurs

Les règles de politesse jouent un rôle similaire de divulgation des accidents : la famille de l'inoculé a coutume de remettre des bulletins de santé quotidiens. Les simples connaissances envoient leurs domestiques à qui l'on remet un billet décrivant l'état du malade. Cela s'appelle dans le langage mondain *« envoyer faire sa visite. »* S'il s'agit d'un proche, il est bienséant de visiter ou faire visiter quotidiennement. À la fin de l'opération, les bienséances imposent enfin de faire une *« visite de convalescence »* qui est l'occasion idéale de se faire une opinion de la pratique. On discute de l'opération, on s'informe de ses douleurs et l'on peut en étudier *de visu* les résultats. Par exemple, en 1764, alors que l'inoculation est encore exceptionnelle à Besançon, les mondains se pressent à la porte du marquis de Puricelli qui a fait inoculer sa fille. Exaspéré, le père accepte de montrer les bras de la convalescente afin que les curieux inspectent ses cicatrices.

La situation n'est donc pas celle d'une opposition entre médecins experts et patients passifs, mais plutôt celle d'individus prenant l'initiative de faire sur eux-mêmes ou sur leurs enfants des expériences et qui payent pour cela des médecins avec lesquels ils entretiennent des relations de patronage. Les patients participent pleinement à l'opération : ils discutent des différentes méthodes à employer avec leurs proches et leurs médecins, rédigent des journaux d'inoculation, envoient des médecins enquêter sur des accidents, commandent des autopsies et font même faire des expériences. Grâce à une sociabilité très riche et une frontière ténue entre les corps privés et leurs représentations publiques, l'information sur l'inoculation circule très bien à l'intérieur de ce réseau, peignant par petites touches un tableau des dangers de l'innovation bien différent de celui proposé par l'outil probabiliste.

Opinions bricolées

Ce constat vaut toujours. Et les gouvernements actuels feraient bien d'en tirer les leçons. Le choix de se faire vacciner ou non en est un bon exemple : aujourd'hui comme en 1760, la définition des effets du vaccin passe par les narrations médicales et leurs circulations entre patients. Ainsi, en 2009, au début de la campagne de vaccination contre la grippe AH1N1, les forums médicaux et les réseaux sociaux furent assaillis de questions, de témoignages et de photographies de rougeurs vaccinales. Dans la tradition du patient des Lumières narrateur de son corps, les internautes grippés et vaccinés racontent leurs expériences subjectives de la maladie.

L'histoire de l'inoculation devrait aider à accepter que la production des opinions soit artisanale, qu'elle consiste pour l'individu à bricoler avec des statistiques, des témoignages profanes, des conseils d'amis et des avis d'experts. Il faut renoncer à l'idéal d'une machine à convaincre automatique produisant en série des opinions univoques.

On en parle aussi…

Libéralisme agricole

L'abbé Ferdinand Galiani, un économiste italien proche de Diderot, publie en 1770 ses *Dialogues sur le commerce des bleds,* dans lequel il critique la liberté absolue du marché céréalier, défendue par les physiocrates. L'un de ses détracteurs, le baron Turgot, croit en l'autorégulation. En 1774, ce dernier devient contrôleur général des finances et libéralise totalement le commerce intérieur des blés. La famine de 1775 l'oblige à y renoncer.

Séisme de Lisbonne

Le 1er novembre 1755, un séisme suivi d'un tsunami détruit Lisbonne. La catastrophe bouleverse l'Europe. Pour Voltaire, l'événement est trop meurtrier pour être la manifestation d'une colère divine. Naît alors le concept d'accident, avec son lot de hasards. Les séismes sont désormais vus comme un phénomène à étudier et à comprendre scientifiquement pour anticiper et surmonter les catastrophes à venir.

Fer artificiel

Entre 1704 et 1708, un conflit oppose les chimistes français Étienne-François Geoffroy et Louis Lémery. Le premier est persuadé d'avoir produit du fer artificiellement à partir de la combustion de bois. Le second a une vision mécaniste de la chimie et n'y croit pas. En 1708, il prouve que le fer retrouvé par Geoffroy dans les cendres était déjà présent au préalable dans la plante sous la forme d'un sel.

Polygamie et démographie

Dans ses *Lettres persanes,* en 1721, Montesquieu transmet l'idée que la population est en déclin. S'en suit un débat autour de la polygamie, avec des discussions sur les prétendus avantages commerciaux et démographiques qu'elle représenterait par rapport à la monogamie. Après la Révolution, la polygamie est rejetée, et le droit au divorce est proclamé en 1792.

4

L'ÂGE DE LA TERRE

Darwin contre Kelvin

La théorie de l'évolution par sélection naturelle proposée par Darwin nécessite que la Terre soit très ancienne. Mais les calculs de physique lui dénient plus de quelques dizaines de millions d'années.

Quel est l'âge de la Terre ? Au milieu du XIXe siècle, cette question, fait une entrée remarquée dans le champ scientifique. Jusque-là, elle était restée du seul ressort de la théologie.

Mais à partir des années 1860, elle est au cœur d'une vive polémique qui, durant près de cinquante ans, oppose une poignée de physiciens et de naturalistes. Les premiers, à la suite du Britannique William Thomson, Lord Kelvin, affirment que notre planète n'a guère plus qu'une centaine de millions d'années. Les seconds, représentés notamment par l'Anglais Charles Darwin, pensent qu'elle est beaucoup plus ancienne.

L'essentiel

- Selon les travaux des naturalistes du XVIIIe siècle, renforcés par la théorie darwinienne de l'évolution au XIXe siècle, notre planète doit être très ancienne.
- Les lois de diffusion de la chaleur permettent au physicien William Thomson (lord Kelvin) de calculer qu'elle n'a que 10 à 100 millions d'années.
- La découverte de la radioactivité en 1896 ajuste les calculs à 4,55 milliards d'années.

Jusqu'au XVIIe siècle, l'âge de la Terre n'est pas discuté en Europe occidentale. La *Bible* est le livre de la vérité révélée, la référence en matière de naissance du monde. Or elle enseigne que l'Univers, la Terre, la vie et l'homme sont apparus quasi simultanément voilà 5000 ou 6000 ans.

Mais avec le développement de la pensée scientifique à partir de la seconde moitié du XVIIe siècle, les savants se détournent des Saintes Écritures. Ils cherchent les réponses à leurs questions dans une lecture du fonctionnement de la nature. Peu à peu, les naturalistes prennent ainsi conscience que l'immensité des temps géologiques est en contradiction avec les datations bibliques.

Cette prise de conscience doit beaucoup au « principe des causes actuelles » développé au milieu du XVIIIe siècle par Georges Louis Leclerc, comte de Buffon. Ce principe veut que l'explication de l'état du monde fasse appel à des phénomènes encore observables. Il s'agit alors d'expliquer les épaisseurs parfois kilométriques des dépôts sédimentaires anciens. En postulant que les mécanismes de sédimentation sont restés les mêmes que dans le passé, nombre de géologues en déduisent que la formation des dépôts sédimentaires a requis bien plus que les quelques milliers d'années de la Terre biblique.

À la fin du XVIIIe siècle, la majorité des naturalistes sont convaincus que les processus géologiques (la sédimentation, la formation des chaînes de montagnes, leur érosion, etc.) s'étendent sur des temps trop longs pour être appréhendés. Le géologue britannique James Hutton résume ainsi la situation dans sa *Théorie de la Terre* publiée en 1795 : *« L'histoire de la Terre est décrite par des cycles dont on ne trouve nul vestige d'un début, nulle perspective d'une fin. »*

Une soixantaine d'années plus tard, Darwin, apporte un argument supplémentaire de poids en faveur de ces « temps longs » dans son ouvrage majeur *De l'origine des espèces par le moyen de la sélection naturelle,* publié en 1859. Il y note que les strates sédimentaires contiennent les vestiges d'espèces animales ou végétales qui apparaissent, évoluent puis s'éteignent. Or ce phénomène nécessite des temps encore plus longs que ceux ayant prévalu à la formation des couches géologiques.

Chronomètre insuffisant

Toutefois, ni Darwin ni les autres naturalistes n'ont les moyens de chiffrer ces temps longs. Les seuls chronomètres dont ils disposent alors sont les fossiles présents dans certaines strates sédimentaires. L'identification de fossiles d'animaux et de plantes ayant vécu à une période déterminée et dans un environnement donné leur permet de reconstituer la succession des strates au cours du temps et d'estimer leurs âges relatifs. Mais en aucun cas de leur attribuer un âge absolu. L'âge de la Terre reste donc inconnu.

Les travaux de physique de Thomson vont combler le vide méthodologique auquel sont confrontés les naturalistes. Dans les années 1840, encore adolescent, celui-ci se prend de passion pour la physique, en particulier pour les lois de conduction de la chaleur établies par le mathématicien français Joseph Fourier une vingtaine d'années auparavant.

Ces lois décrivent comment une différence de température dans un solide entraîne, d'un point à un autre, un transfert d'énergie thermique sans déplacement de matière.

En 1862, devenu physicien, il les utilise pour évaluer l'âge de notre planète. Il calcule la façon dont une boule solide et chaude, telle qu'était la Terre primordiale selon lui, se refroidit, et le temps nécessaire pour que l'augmentation des températures avec la profondeur atteigne environ 3 °C tous les 100 mètres, valeur mesurée dans les mines.

Mais à l'époque, même les esprits les plus brillants sont à mille lieues d'imaginer à quoi ressemble la Terre profonde, et l'on ignore encore qu'elle n'est pas entièrement solide et rigide. Thomson fait donc deux hypothèses fondamentales pour appliquer les lois de Fourier. D'abord que la Terre était au départ uniformément chaude et qu'elle ne s'est refroidie que par conduction. Ensuite qu'il n'existe aucune autre source de chaleur que celle emmagasinée à l'intérieur du globe au moment de sa formation. En d'autres termes, la température interne diminuerait au fil du temps à mesure que la chaleur est dissipée vers l'extérieur. Il en serait de même pour la différence de température entre le cœur de la Terre (estimée alors à 3 900 °C, température de fusion des roches) et sa surface (le gradient thermique).

En 1862, Thomson obtient ainsi un âge compris entre 20 et 400 millions d'années, mais probablement voisin de 100 millions d'années. Bien au-delà des 6 000 années bibliques, cette large fourchette reste nettement en deçà des temps longs préconisés par certains géologues et naturalistes. Moyennant quelques habiles ajustements, ceux-ci vont pourtant admettre les conclusions du physicien. *« Non pas en raison de l'autoritarisme de Thomson, comme on le dit souvent, mais parce qu'il est le seul à proposer une démonstration scientifique et à donner une estimation quantitative»*, souligne Pascal Richet, de l'Institut de physique du globe, à Paris, et auteur d'un ouvrage sur le sujet. *«La physique est alors la science reine, Thomson l'un des physiciens les plus respectés de son époque, et les lois de Fourier n'ont jamais été prises en défaut. Les naturalistes ne peuvent guère lutter.»*

Formation du Soleil

Thomson a un autre argument. La Terre étant nécessairement plus jeune que le Soleil, l'âge de ce dernier doit lui permettre de se fixer une limite supérieure. À l'époque, les physiciens pensent que l'astre s'est formé à partir d'une accumulation de comètes et que l'essentiel de son énergie provient de l'effondrement gravitationnel de cette masse sur elle-même. Thomson calcule ainsi que le Soleil a commencé à rayonner il y a moins de 100 millions d'années. En 1876, il révise ses calculs pour rajeunir la Terre, à laquelle il attribue finalement un âge de 50 millions d'années. En 1881, il réduira encore sa fourchette, de 20 à 40 millions d'années.

Darwin rejette ces âges, incompatibles avec l'évolution des espèces. Il reconnaît la validité des lois de la physique utilisées par Thomson mais soupçonne une erreur dans son raisonnement. Mais laquelle ? Encore une fois, nul ne sait ce qui se passe dans les profondeurs de la Terre. Darwin s'interroge : l'énergie magnétique venant du Soleil vers la Terre pourrait-elle pénétrer la croûte terrestre pour être ensuite convertie en chaleur dans les profondeurs ? Ce qui fausserait les calculs de Thomson. Mais l'idée est immédiatement rejetée par la communauté scientifique. Le naturaliste meurt en 1882 sans connaître le fin mot de l'histoire.

Et aussi...

Ludwig Boltzmann et la mécanique statistique

L'équation, qui, en 1824, explique les grandeurs thermodynamiques, comme la température ou la pression, s'appuie sur l'existence des atomes, non démontrée à l'époque.

Le passant qui vient se recueillir sur la tombe du physicien autrichien Ludwig Boltzmann, à Vienne, peut y lire en épitaphe une équation : S = k.log W. S désigne l'entropie, le désordre. Imaginé en 1824 par le physicien français Sadi Carnot, ce concept est central dans la théorie cinétique des gaz développée par Boltzmann à partir de 1860. L'approche de celui-ci est statistique : sa théorie permet entre autres d'expliquer des grandeurs thermodynamiques comme la température, la pression ou l'entropie, en suivant les mouvements globaux de sphères qui s'agitent et s'entrechoquent. Le terme W correspond au nombre de configurations microscopiques que ces particules peuvent prendre pour décrire un état macroscopique donné et k est la « constante de Boltzmann ».

Ainsi, Boltzmann s'inscrit dans la tradition de Josef Stefan, son directeur de thèse à l'université de Vienne : il est convaincu que la théorie fondamentale de la physique est mécaniste. Et lorsqu'il développe sa théorie cinétique des gaz, il ne connaît pas de contestation majeure.

Des tensions n'apparaissent qu'à partir des années 1880, avec des physiciens qui, comme l'Autrichien Ernst Mach, prônent une approche phénoménologique de la physique. Ils estiment qu'il faut s'en tenir à l'expérience et ne pas formuler d'hypothèses non vérifiables. Or, pour développer sa théorie, Boltzmann s'appuie sur l'existence des atomes, non démontrée à l'époque. Cette vision atomiste est vivement critiquée.

Les oppositions se matérialisent à la conférence de Lübeck, en 1895. Boltzmann, soutenu par le jeune physicien allemand Max Planck, y débat avec vigueur face au physicien allemand Georg Helm et à son compatriote, le chimiste Wilhelm Ostwald. Ceux-ci défendent l'énergétisme, selon lequel toute la physique peut être réduite à l'énergie. Boltzmann sort vainqueur de cette confrontation en pointant les erreurs mathématiques commises par les deux hommes.
Il faut toutefois attendre 1902 et la publication par le physicien américain Willard Gibbs des Principes élémentaires en mécanique statistique pour voir naître une théorie unifiée de la mécanique statistique, avec une approche phénoménologique qui popularise les travaux de Boltzmann. En 1905, Jean Perrin mettra un point final au débat en démontrant expérimentalement l'existence des atomes. Souffrant de troubles psychologiques, Boltzmann se suicide à Duino, en Italie, très peu de temps après cette découverte, en 1906. Il est possible qu'il n'ait jamais été au courant de la confirmation de l'hypothèse atomiste.

Ludwig Eduard Boltzmann

En 1895, le physicien irlandais John Perry, qui fut un temps l'assistant de Thomson, doute lui aussi : la Terre est-elle vraiment rigide ? Si les températures qui règnent à l'intérieur du globe sont bien de plusieurs milliers de degrés, la Terre est peut-être partiellement fondue. Dans ce cas, la chaleur serait transportée de la profondeur à la surface par convection et non par conduction comme le suppose celui qui est, entre-temps, devenu lord Kelvin, anobli par la reine Victoria en 1892.

Chaleur radioactive

Or ce processus, bien plus efficace, implique un déplacement de matière et une uniformisation de la température en profondeur. D'où un gradient de température entre le cœur et la surface moindre que celui considéré par Kelvin. Ce qui conduit *in fine* à une sous-estimation des temps de refroidissement, et donc de l'âge de la Terre. Lequel pourrait être dès lors de plusieurs milliards d'années ! Son intuition apparaît *a posteriori* géniale. Mais elle ne convainc pas Kelvin, qui campe sur ses positions.

La controverse est pourtant proche de son terme. La découverte de la radioactivité naturelle par le physicien français Henri Becquerel, en 1896, va en effet mettre à mal la seconde hypothèse de Kelvin, à savoir l'absence d'une source de chaleur autre que celle emmagasinée à l'intérieur du globe au moment de sa formation. En 1903, à Paris, Pierre Curie et son collaborateur Pierre Laborde découvrent que la désintégration du radium s'accompagne d'un fort dégagement de chaleur.

Le physicien néo-zélandais Ernest Rutherford et d'autres en tirent rapidement les conséquences pour le bilan thermique de la Terre. En 1904, il affirme ainsi que la désintégration des éléments radioactifs piégés à l'intérieur de celle-ci dégage continuellement de grandes quantités de chaleur. Cette année-là, il expose ses conclusions lors d'une conférence à la Royal Institution de Londres.

Non sans quelque appréhension, ainsi qu'il le racontera plus tard : « J'entrai dans la pièce, qui était plongée dans la pénombre, et remarquai bientôt Lord Kelvin dans l'assistance ; je me rendis compte que j'allais avoir quelques difficultés avec la dernière partie de mon intervention concernant l'âge de la Terre, où mes vues étaient en contradiction avec les siennes. À mon grand soulagement, Kelvin s'endormit rapidement, mais au moment où j'abordais le point important, je vis le vieil oiseau se redresser sur son siège, ouvrir un œil et me lancer un regard torve ! Une inspiration me vint alors, et je déclarai que Lord Kelvin avait limité l'âge de la Terre à condition qu'aucune source nouvelle d'énergie ne soit découverte. Cette formulation prophétique désigne justement ce que nous examinons ce soir, le radium ! » Rutherford est précautionneux, car il sait que ses arguments sonnent la fin du combat de Kelvin.

« La Terre est bien plus vieille que ne l'indiquent les calculs de Kelvin non parce que ces derniers reposent sur des données incorrectes mais parce qu'ils postulent l'absence de sources internes de chaleur. On sait aujourd'hui que les éléments radioactifs de longue période comme l'uranium et le thorium constituent le moteur thermique de notre planète », explique Pascal Richet. La théorie de Kelvin tombe à l'eau et son estimation de l'âge de la Terre à 20 à 40 millions d'années aussi.

Datation de roches

Avec la découverte de la radioactivité apparaissent aussi les premières « horloges » permettant de fournir des âges absolus, mesurés par rapport au présent. En 1905, grâce aux désintégrations radioactives, Ernest Rutherford réussit à dater un minéral riche en uranium : 140 millions d'années ! En quelques années, les âges sont de plus en plus vertigineux. Des valeurs de plus de deux milliards d'années sont même obtenues pour des roches repoussant du même coup les limites de l'âge de la Terre. Jusqu'à sa mort, en 1907, Kelvin rejettera pourtant l'idée d'une Terre très vieille.

Il faudra attendre plusieurs décennies pour que son autre hypothèse, celle d'une Terre solide et rigide, soit infirmée à son tour. Les géophysiciens établiront en effet au cours du XXe siècle que le manteau terrestre, qui s'étend de la base de la croûte au sommet du noyau, à 2 900 kilomètres sous nos pieds, bien que rocheux et solide, coule et se déforme très lentement à raison de quelques centimètres voire dizaines de centimètres par an. D'où l'existence de mouvements de convection. Finalement, après avoir imposé durant cinquante ans des limites temporelles aux naturalistes, c'est à nouveau la physique qui leur permet d'établir une bonne fois pour toutes l'âge vénérable de la Terre : 4,55 milliards d'années.

On en parle aussi...

Onde ou corpuscule ?

Au début du XIXe siècle, les physiciens s'affrontent pour savoir si la lumière est constituée de corpuscules ou d'ondes. En 1817, l'Académie des sciences de Paris organise un concours pour tenter d'expliquer la diffraction de la lumière. L'année suivante, le jury couronne le mémoire d'Augustin Fresnel, qui interprète le phénomène en considérant que la lumière est constituée d'ondes interférant entre elles. L'une de ses expériences, inspirée par Siméon-Denis Poisson, tenant des corpuscules, est présentée comme décisive : en plaçant un disque opaque derrière un orifice duquel émerge de la lumière, on observe la présence d'une tache lumineuse au centre de l'ombre créée par le disque. Cette observation, prévue par la théorie ondulatoire, est incompatible avec les lois prévues par la théorie corpusculaire.

Cristallins et liquides ?

En 1888, le botaniste autrichien Friedrich Reinitzer fait une découverte déroutante. Sous l'oculaire de son microscope polarisant, à mesure que la température s'élève, le benzoate de cholestéryle, un dérivé du cholestérol extrait de la racine de carotte, vire du transparent à l'opaque, comme s'il passait d'un état liquide à un état cristallin capable de modifier la propagation de la lumière. Avec le cristallographe allemand Otto Lehmann, ils observent le même phénomène dans d'autres substances naturelles. La communauté scientifique, sceptique, doute de la pureté de ces « cristaux liquides ». Mais au début du XXe siècle, les indices s'accumulent, et l'existence de cet état particulier de la matière, alliant des propriétés physiques du liquide et du cristal, est reconnue.

Symbiose cellulaire

À la fin du XIXe siècle, la théorie de l'endosymbiose, selon laquelle certains organites des cellules comme les mitochondries ou les plastes étaient à l'origine des bactéries qui y vivaient en symbiose, est largement admise. Mais née d'une intuition, elle reste invérifiable et finit par tomber en disgrâce… jusqu'aux années 1970. La microbiologiste américaine Lynn Margulis, grâce à la microscopie électronique et à la biologie moléculaire, démontre enfin l'existence de traits bactériens dans les mitochondries et les plastes.

5

LA VITESSE DES ONDES ÉLECTROMAGNÉTIQUES

Hertz contre les physiciens français

Lorsque Heinrich Hertz montre que les ondes électromagnétiques se propagent à la même vitesse que la lumière, les physiciens français sceptiques refont les mesures avant d'admettre qu'il a raison.

En 1887 et 1888, le physicien allemand Heinrich Hertz publie une série d'articles annonçant la réalisation d'un dispositif inédit : il permet de créer des ondes électromagnétiques, c'est-à-dire des ondes qui comportent à la fois un champ électrique et un champ magnétique, oscillant à la même fréquence. Le dispositif se compose d'un générateur et d'un récepteur. Le générateur comprend deux grosses sphères métalliques reliées par une tige conductrice ouverte en son

L'essentiel

- Heinrich Hertz met au point, à la fin des années 1880, un dispositif qui permet de générer des ondes électromagnétiques, dont il mesure qu'elles se propagent à la même vitesse que la lumière.
- Nombre de physiciens britanniques accueillent cette découverte comme la confirmation de la théorie de James Clerk Maxwell, qui relie lumière et ondes électromagnétiques.
- Les physiciens francophones, eux, multiplient les vérifications des calculs de Hertz avant de se prononcer.

milieu. Ces deux sphères sont alimentées par des décharges électriques. Quand la tension devient suffisante, une étincelle éclate entre les deux branches de la tige conductrice – ce qui signale pour Hertz l'émission d'une onde. Hertz constate ensuite que des étincelles surgissent à distance du générateur, dans son détecteur – une boucle conductrice terminée par de petites boules de cuivre.

Heinrich Hertz cherche alors à mesurer la vitesse de propagation de ces ondes. Il utilise pour cela une démarche très classique en mécanique : il produit des interférences entre une onde incidente, qui vient frapper une plaque de zinc, et une onde qui est réfléchie par cette même plaque. Quand ces deux ondes se superposent, elles produisent ce qu'on appelle une « onde stationnaire ». En plaçant le détecteur à différents endroits entre le générateur et la plaque de zinc, Hertz mesure la distance entre deux nœuds de cette onde, c'est-à-dire entre deux endroits où l'amplitude de l'onde stationnaire est nulle (il repère ces nœuds grâce à la quasi-disparition des étincelles).

Il obtient finalement la vitesse de propagation des ondes produites par son dispositif en liant cette mesure à un calcul donnant la période* des ondes générées. En l'occurrence, il

* La période représente le temps nécessaire pour qu'une onde effectue la distance entre deux crêtes successives.

conclut que les ondes se propagent, dans l'air, à la même vitesse que la lumière : environ 300 000 kilomètres par seconde, vitesse mesurée par Léon Foucault en 1862.

Heinrich Rudolf Hertz

Les premiers à se saisir des publications de Hertz, à l'été 1888, sont les partisans britanniques de James Clerk Maxwell. Rien d'étonnant à cela : Maxwell était l'auteur, en 1864, d'une théorie révolutionnaire liant lumière et ondes électromagnétiques. Pour ses partisans et lui, il n'y a pas d'action instantanée à distance, comme le soutient Hermann von Helmholtz, patron de Hertz lorsqu'il étudiait à l'université de Berlin : l'effet (la propagation des ondes) n'est pas communiqué instantanément – auquel cas il n'y a pas de vitesse de propagation –, mais de proche en proche, à vitesse finie (la même vitesse que la lumière), par l'intermédiaire d'un medium, l'éther.

Les travaux du physicien allemand suscitent donc d'emblée, chez les maxwelliens britanniques, une réaction enthousiaste et ravie. Non qu'ils aient eu le moindre doute sur la véracité des théories de Maxwell avant la publication des travaux de Hertz. Comme le déclare l'un d'eux, George Francis Fitzgerald, en septembre 1888, il n'y a *« rien de neuf sur cette question et* [...] *la plupart des travailleurs du domaine se satisfont depuis longtemps du fait que les actions électromagnétiques transitent à la vitesse de la lumière »*.

Fitzgerald, comme les autres, est toutefois heureux de montrer à un public large, grâce à l'expérience de Hertz, ce que les spécialistes savaient déjà. Pour ces théoriciens en effet, la cohérence du système maxwellien est tellement solide qu'il n'y a pas place pour le doute. La théorie « marche » et est productive, et ils n'attendent pas vraiment une preuve expérimentale pour « croire ».

À la fin de l'année 1889, des critiques sont toutefois portées par deux expérimentateurs genevois, Édouard Sarasin et Lucien de la Rive. Leurs travaux vont être rapidement repris et mener, notamment en France, à un débat plus large sur ce que Hertz a exactement mesuré.

Dimensions du détecteur

Parmi leurs résultats, l'un a en effet une valeur polémique forte. Les deux chercheurs déclarent que la distance qu'ils mesurent entre deux extinctions d'étincelles ne dépend que du seul détecteur, et non du générateur. La longueur d'onde mesurée lors de la propagation d'ondes émanant d'un même générateur, écrivent-ils, semble varier d'une manière continue avec les dimensions du détecteur employé, ce qui est surprenant.

Plus fort encore, ils affirment qu'un changement de l'émetteur n'affecte en rien la longueur d'onde mesurée lorsque l'on garde le même détecteur. En bref, ils soutiennent que le générateur dont semblent émaner les ondes doit émettre toute une gamme de longueurs d'onde, et non une seule, «*chaque détecteur choisissant dans cet ensemble l'ondulation dont la période correspond à la sienne propre*».

Sarasin et de la Rive ne critiquent toutefois pas Hertz, et ils prennent d'ailleurs contact avec lui, à titre privé. Cette attitude n'est pas celle de Cornu, académicien parisien et professeur à l'École polytechnique. Ce dernier remarque très vite que ces travaux montrent «*avec quelle réserve il convient d'accueillir les conséquences théoriques que M. Hertz a tirées de ses expériences, particulièrement en ce qui concerne la mesure de la vitesse de propagation*». Plus direct que Sarasin et de la Rive, il déduit des travaux des Genevois que la «*démonstration de l'identité de l'électricité et de la lumière*» n'a pas été établie par Hertz, que la preuve n'en a pas été donnée.

Son raisonnement est le suivant: Hertz, dit-il, fait d'abord l'hypothèse que l'étincelle du générateur produit une perturbation de l'éther, de période fixe T, qu'il calcule à partir de sa connaissance du générateur. Il fait ensuite l'observation d'une onde stationnaire, dont il mesure expérimentalement la longueur d'onde. Il déduit alors la vitesse de propagation de l'onde par la formule classique où v est égal à l multiplié par T (l est la longueur d'onde mesurée et T la période du générateur).

Malheureusement, Sarasin et de la Rive ont montré que l n'est fonction que de l'appareil de détection et non du générateur. Hertz, écrit Cornu, est alors enfermé dans un dilemme. Soit le T de sa formule n'est pas fixe, et le raisonnement est ruiné; soit c'est v qui est variable, ce qui est «*absurde puisque* v *doit représenter la vitesse* [unique] *de propagation*».

Cette démonstration logique que quelque chose ne va pas dans le travail de Hertz suscite en France de sérieuses interrogations. Le caractère astucieux du système expérimental de Hertz y est certes reconnu, mais rien n'apparaît encore comme vraiment établi. Du côté britannique, la certitude préexiste à l'expérience de Hertz, nous l'avons dit – et les petites difficultés rapportées par Sarasin et de la Rive n'apparaissent que comme des troubles de jeunesse. Du côté français, du moins chez Cornu, l'attirance est en revanche pour Helmholtz et, même si Maxwell est respecté, il n'y a pas d'évidence *a priori* que ce dernier ait raison. L'image de soi et de la discipline qu'ont les deux groupes diffère aussi de façon assez nette.

Imagination contre rigueur

On pourrait parler d'une part d'une physique du laisser-faire, de l'imagination et de la multiplicité des modélisations au Royaume-Uni ; d'autre part, en France, d'une pratique et d'une épistémologie rigoristes, fondées sur une stricte division du travail entre physiciens et mathématiciens, entre expérimentateurs devant être attentifs à faire varier tous les paramètres (ce qu'ont fait Sarasin et de la Rive) et théoriciens, plus libres de leurs mouvements. Si l'on ajoute ce qui peut relever des fiertés nationales, fiertés jamais totalement absentes durant ces années – l'Académie des sciences de Paris craint d'être marginalisée dans un jeu de légitimation réciproque qui se jouerait directement entre Berlin et Londres – l'image sera assez complète.

La situation va encore se modifier par l'intervention publique d'un autre acteur, arrivé avec d'autres préoccupations, d'autres critères d'excellence et de preuve : le grand mathématicien de cette fin de siècle, le Français Henri

Et aussi...

L'Eozoön canadense, objet de discorde

En 1859, des géologues canadiens découvrent des roches calcaires de la période précambrienne, présentant de curieuses stries. Pour le paléontologue canadien William Dawson, il s'agit des plus anciennes traces de vie jamais découvertes ! Ces organismes unicellulaires sont baptisés Eozoön et font immédiatement sensation. Darwin lui-même y verra un important maillon de sa théorie de l'évolution. Mais l'origine animale de ces traces est vite contestée. William King et Thomas Rowney, respectivement géologue et chimiste à l'université Queen's en Irlande, mènent l'opposition. D'abord minoritaires, ils gagnent peu à peu du terrain. Ils finissent par prouver la nature minérale des stries observées. La controverse se clôt alors en même temps que le siècle.

Poincaré. Intéressé au plus haut point par les formalismes de Helmholtz et de Maxwell, Poincaré reprend le calcul que fait Hertz pour déterminer la période T de son générateur. Il met en évidence une erreur de calcul aux conséquences très ennuyeuses. Il découvre en effet que la longueur d'onde de l'onde émise par le générateur est plus courte d'un facteur $\sqrt{2}$ que celle retenue par Hertz.

Les mesures expérimentales faites par Hertz dans l'air ayant donné *« une demi-longueur d'onde de 480 centimètres,* écrit Poincaré, *il en résulterait, si le calcul de la période était correct* [c'est-à-dire si Hertz ne s'était pas trompé dans son calcul], *que la vitesse de propagation dans l'air serait égale à celle de la lumière multipliée par $\sqrt{2}$ ».*

Les conclusions sont évidentes. Ou bien Hertz a expérimenté correctement et ses mesures sont justes, auquel cas les théories maxwelliennes méritent de sérieuses retouches puisque les ondes vont plus vite que la lumière – le théoricien Poincaré envisage cette hypothèse avec gourmandise. Ou bien les ondes se déplacent effectivement à la vitesse de la lumière, comme prévu par la théorie — mais dans ce cas on peut craindre que Hertz se soit laissé aller, consciemment ou non, à trouver expérimentalement ce qu'il savait devoir trouver. Sans parler de fraude, un travail de démêlage de l'écheveau des problèmes est à l'ordre du jour.

Un nombre de travaux exponentiel

Cela explique largement pourquoi, à partir des travaux de Poincaré et de Sarasin et de la Rive, le nombre de textes publiés sur la propagation des ondes est en croissance exponentielle. À propos des travaux des deux Genevois, Hertz a dit ne pas avoir été surpris par leurs résultats puisqu'il les avait lui-même obtenus, ce que confirment ses notes de laboratoire. Pour éviter que ce phénomène ne perturbe ses expériences, explique-t-il, il a toujours choisi des détecteurs dont la fréquence propre de vibration était celle de son générateur – et dans ce cas, l'expérience se déroulait sans accroc. Et, ayant changé de générateur à diverses occasions (et donc retenu à chaque fois le détecteur adapté), il a toujours trouvé la même vitesse de propagation. Pour lui, les résultats des Genevois sont un non-événement.

Concernant l'erreur de calcul, il faut savoir qu'Oliver Lodge, un maxwellien britannique, avait déjà fait part à Hertz de ce problème, de façon privée. Hertz n'avait pas jugé utile d'en faire état et Lodge était trop convaincu de l'ensemble pour s'arrêter à un mystère qui trouverait un jour sa solution.

Après la publication de Poincaré, en revanche, Hertz se doit de réagir. Il reconnaît l'erreur et déclare que la mesure de l'inter-nœud est très délicate, que l'environnement expérimental était perturbé par de lourdes masses métalliques (un poêle de chauffage notamment) et que son résultat n'était donc pas parfait. Mais il ajoute que les travaux de ses collègues confirment la mesure de vitesse comme étant celle de la lumière.

Comment se conclut cette affaire ? D'abord, par le fait que personne ne met plus en doute le fait qu'on soit face à un phénomène de propagation : Hertz a vu juste dès le début et son dispositif permet à chacun de s'en assurer. Des expériences de diffraction, réflexion et déviation des ondes électromagnétiques, notamment, convainquent tous les expérimentateurs que le phénomène est bien ondulatoire. Cette conviction unanime découle aussi du fait que tous les physiciens réalisant une expérience d'interférences trouvent le même résultat, la même vitesse de propagation : environ 300 000 kilomètres par seconde, soit la même vitesse que la lumière.

Des résultats concordants

Certes, ils ne se disent pas toujours convaincus par les preuves de leurs collègues, bien au contraire, et les polémiques continuent sur ce terrain. Mais, chaque spécialiste trouvant pour lui-même le chiffre de 300 000 kilomètres par seconde, il n'y a bientôt plus de doute, ni de controverse, sur le résultat.

Il faut ajouter un dernier élément, le fait que les scientifiques sont toujours tendus vers l'avant, qu'ils se préoccupent peu des indécisions et contradictions du passé, que compte pour eux ce dont on est convaincu au moment présent. En ce sens, le détail des controverses qui marquent les premiers pas d'une découverte n'est pas ce qui importe, et l'oubli peut faire son œuvre. D'ailleurs, personne n'est jamais en mesure, ni désireux, de reproduire exactement l'expérience d'un autre pour comprendre où il a pu se tromper.

Un tel mode de résolution des problèmes peut sembler étonnant, voire paradoxal. Il ne l'est que pour ceux qui imaginent le déploiement des sciences comme une affaire de preuves imparables construites dès la première minute dans une absolue perfection. Ce qui n'est malheureusement pas le cas. Hertz a eu l'idée-force, et même si son expérience présentait des ambiguïtés, cela n'a plus d'importance. Il restera le découvreur des ondes électromagnétiques, le premier à avoir montré expérimentalement que Maxwell avait raison.

On en parle aussi...

Mécanisme versus vitalisme

Au début du XIXe siècle, un bras de fer philosophiqueoppose les écoles de médecine de Paris et de Montpellier. Deux doctrines s'affrontent : le mécanisme et le vitalisme. Le médecin montpelliérain Paul-Joseph Barthez, père de la doctrine vitaliste, estime qu'il existe *« un principe vital qui produit tous les phénomènes de la vie dans le corps humain »*. En opposition, le mécanisme réduit la vie à l'ensemble des processus physiques qui opèrent dans le corps. Cette divergence dépassera la simple controverse philosophique et deviendra une course au leadership. Vers le milieu du XIXe siècle, l'école de Paris, plus productive et soutenue par des institutions telles que le Collège de France, finit par s'imposer.

Hérédité particulaire

Au XIXe siècle, les biologistes pensent que l'hérédité est mélangeante. Autrement dit, les caractères du père et de la mère se mélangent dans l'œuf. Dans deux études publiées en 1865 puis 1869, le moine et botaniste Gregor Mendel bouleverse cette vision. Selon lui, l'hérédité est particulaire : les caractères paternels et maternels coexistent sans se mélanger et se transmettent à chaque génération.

Canaux martiens

En 1877, l'astronome italien Giovanni Schiaparelli observe des lignes sombres qui forment des « canaux » à la surface de Mars. Les interprétations vont bon train : certains sont convaincus que ces canaux ont été creusés par une civilisation avancée quand d'autres estiment qu'il s'agit d'illusions d'optique. En 1909, la nouvelle et puissante lunette astronomique de l'observatoire de Meudon met fin à la polémique : les lignes observées sont dues à l'imprécision des instruments de l'époque. En 1965, la sonde Mariner 4 survole mars et en apporte la preuve définitive

6

La génération spontanée

Pouchet contre Pasteur

En 1862, Pasteur convainc l'Académie des sciences que des formes de vie microscopiques ne peuvent pas apparaître dans un milieu stérile. Aujourd'hui, les réelles raisons de son succès sont elles-mêmes débattues.

Au XIXe siècle, l'idée que des entités vivantes microscopiques puissent apparaître spontanément dans un milieu inerte est à la fois très répandue et très critiquée. En 1860, l'Académie des sciences décide de récompenser d'un prix de 2 500 francs *« celui qui, par des expériences bien faites, jettera un jour nouveau sur la question des générations dites "spontanées" ».* Deux candidats se dégagent : Félix-Archimède Pouchet, qui pense avoir démontré l'existence de la génération spontanée, et Louis Pasteur, qui est persuadé du contraire. C'est ce dernier qui reçoit le prix en 1862, en tirant une gloire considérable et durable. Comme l'écrit aujourd'hui encore l'Institut Pasteur sur son site Web : *« Après des luttes mémorables contre ses contradicteurs* [...], *Pasteur anéantit la doctrine de la génération spontanée. »*

Mais sur quoi portaient réellement les expériences des deux protagonistes ? Celles de Pasteur ont-elles vraiment permis d'anéantir la théorie de Pouchet ? Ces questions sont depuis une trentaine d'années au cœur d'une controverse sur la controverse. Elle oppose historiens et sociologues des sciences du courant relativiste à ceux du courant rationaliste.

Les premiers affirment que les expériences étaient de même qualité et que ce sont des raisons extrascientifiques qui ont conduit à la défaite de Pouchet. Quant aux rationalistes, ils soutiennent que c'est la supériorité scientifique des expériences de Pasteur qui a permis son succès. Avant de présenter les lectures des uns et des autres, rappelons d'abord les faits sur lesquels tout le monde s'entend.

> **L'essentiel**
>
> - L'affrontement entre Pasteur et Pouchet au sujet de la génération spontanée divise deux courants de sociologie des sciences.
> - Pour le courant rationaliste, la supériorité scientifique des expériences de Pasteur explique son succès.
> - Pour les relativistes, des raisons extra-scientifiques ont conduit à la défaite de Pouchet.

Les faits

En décembre 1858, Pouchet publie dans les *Comptes rendus de l'Académie des sciences* un article décrivant *« les micro-organismes végétaux et animaux nés spontanément dans l'air artificiel et le gaz naturel »*. Dans une infusion de foin placée dans un ballon rempli d'eau préalablement ébouillantée, il observe au microscope l'apparition au bout de quelques jours de multiples micro-organismes : preuve, pour lui, que la *« production d'un être organisé nouveau, dénué de parents, et dont tous les éléments primordiaux ont été tirés de la matière ambiante »* est possible.

Félix Archimède Pouchet

Louis Pasteur

Il écrit ensuite à Pasteur, jeune chercheur en vue, pour lui demander son avis sur la génération spontanée dont il pense avoir démontré l'existence. La réponse, courtoise, ne prend pas position sur la question de la génération spontanée, mais critique les expériences de Pouchet en suggérant qu'elles ont pu souffrir d'une contamination. *« Veuillez adopter la disposition que je vous indique. En moins d'un quart d'heure* [...] *vous acquérez la conviction que, dans vos expériences récentes, vous avez à votre insu introduit de l'air commun et que les conséquences auxquelles vous êtes arrivé ne sont pas fondées sur des faits d'une exactitude irréprochable. »*

Pouchet est attentif à cette remarque. Il soumet le foin, avant infusion, à un chauffage d'une trentaine de minutes à 100 °C, stérilise l'air entrant par un filtre à mercure... et observe toujours l'apparition de micro-organismes dans l'eau bouillie.

Pasteur, lui, choisit un autre dispositif expérimental : non une infusion de foin, mais une suspension de levure de bière ; non la stérilisation du contact avec l'air par un filtre à mercure, mais par un dispositif en col-de-cygne qu'il invente, étirant en coude le col du ballon où sont conservées les levures de telle manière que l'air peut passer, mais pas les particules qu'il imagine en suspension.

Avec ce dispositif, il n'observe en aucun cas de génération spontanée. Si des éléments vivants apparaissent, soutient-il, c'est qu'ils ont été apportés par l'air où ils se trouvaient en suspension. Pour preuve, sur vingt ballons exposés à l'air par ses soins dans les montagnes du Jura, à 850 mètres d'altitude (où l'atmosphère est plus pure que dans son laboratoire), cinq voient s'enclencher la fermentation, mais seulement un quand il répète l'opération à 2 000 mètres d'altitude sur un glacier alpin. La démonstration convainc l'Académie des sciences, qui, en 1862, attribue son prix à Pasteur. L'histoire n'est pourtant pas tout à fait achevée.

L'année suivante Pouchet se rend à son tour en altitude, dans les Pyrénées, et y expose à l'air ses ballons contenant l'infusion de foin, puis les scelle avant d'en observer le contenu au microscope : la totalité des huit ballons, affirme-t-il, contient des micro-organismes. Cette expérience ébranle la conviction de l'Académie, qui forme une nouvelle commission chargée de trancher la controverse opposant les deux chercheurs.

Avant même qu'elle ne tienne sa première séance, Pasteur donne un cours très remarqué à la Sorbonne le 7 avril 1864, où il montre, en le chauffant préalablement, que c'est le mercure, que Pouchet croyait stérile, qui a apporté dans ses infusions de foin les germes de micro-organismes. C'est un immense succès. Pouchet, jugeant sa défaite assurée, renonce à présenter ses travaux à la seconde commission de l'Académie, qui, le 20 février 1865, conclut, avec Pasteur, à l'inexistence de la génération spontanée.

Les relativistes

Lorsqu'elle apparaît au début des années 1970, la sociologie des sciences relativiste doit faire face à l'hégémonie de l'idée que la science ne fait que poser des questions neutres et impartiales, par le biais des expériences, reproductibles, à la nature. Pasteur, tout particulièrement en France où il est l'objet d'un véritable culte, incarne cette conception. À ce titre, il offre une cible idéale pour la sociologie relativiste. Dès 1974, deux historiens des sciences, John Farley et Gerald Geison, respectivement canadien et américain proposent ainsi une lecture relativiste de la confrontation, devenue classique, entre Pasteur et Pouchet.

Enjeux idéologiques

Ils soulignent que Pasteur, loin de la neutralité qu'on lui prête, était bien conscient des implications idéologiques de ses travaux sur la génération spontanée. L'année même de la tenue de la première commission de l'Académie, observe de son côté Bruno Latour, figure de proue du courant relativiste en France, est publiée la première traduction de *L'Origine des espèces,* assortie d'une préface violemment matérialiste et athée. Dans le contexte clérical du second Empire, être partisan de la génération spontanée, supposée appuyer le darwinisme, c'était saper les fondements du régime. Et Pasteur, ne se prive pas de souligner ces enjeux idéologiques dans sa conférence de la Sorbonne en 1864.

Et aussi...

L'arc-en-ciel objet de discorde

« Au sujet de l'arc-en-ciel, nous sommes dans le brouillard. » Ainsi George Stokes, physicien britannique, résume-t-il, en 1887, le débat qui oppose deux de ses confrères de l'université de Cambridge depuis plus de cinquante ans : le physicien Richard Potter et l'astronome George Biddle Airy. À cette époque, on sait qu'un arc-en-ciel se forme dans les gouttes d'eau de pluie, qui agissent comme un prisme : lorsque la lumière blanche du Soleil les traverse, elles dévient – réfractent –, réfléchissent et réfractent à nouveau les rayons de lumière en fonction de la couleur. Mais ce qui intéresse Potter et Airy, ce sont les franges colorées, appelées arcs surnuméraires, qui se forment parfois à l'intérieur de l'arc-en-ciel. Ils se battent, à grand renfort de calculs, au sujet de la valeur de l'angle sous lequel on les voit apparaître. Selon Potter, il est de 42°15 ; les prédictions d'Airy, elles, donnent 41°45. Finalement, l'expérimentateur William Miller, lui aussi de Cambridge, fait pencher la balance en faveur d'Airy à la fin des années 1880, avec ses mesures minutieuses qui donnent 41°51.

Les relativistes soulignent que les expériences de Pasteur ne furent pas menées avec la rigueur que la vulgate lui prêtait. Si Pouchet s'efforce de reproduire, ou de s'inspirer des travaux, de son adversaire, Pasteur, en revanche, ne s'intéresse aux travaux de Pouchet que pour démontrer à tout prix qu'ils sont erronés… quitte à s'arranger avec les résultats. Il reconnaît ainsi que, dans neuf cas sur dix, il observe lui aussi l'apparition de micro-organismes dans des infusions de foin maintenues dans de l'eau stérilisée, mais refuse d'y prêter attention *«par crainte de quelques raisons cachées»*.

Si, observent Farley et Geison, Pasteur avait refait sérieusement les expériences de Pouchet, l'issue du débat aurait certainement été différente: on sait en effet aujourd'hui que certaines bactéries, comme *Bacillus subtilis,* forment des spores qui survivent au chauffage à 100 °C. Ce qu'observait Pouchet dans ses expériences avec des infusions de foin était donc sans doute bien réel.

Comment, alors, expliquer le succès de Pasteur? Farley et Geison lui reconnaissent une plus grande habileté expérimentale, sans doute liée à sa longue formation de chimiste, alors que Pouchet était un naturaliste davantage rompu à l'observation, ainsi qu'une meilleure maîtrise de la rhétorique. Surtout, ils insistent sur le fait que les positions sociales des deux chercheurs n'étaient pas comparables. Pouchet en était bien conscient. *«Simple correspondant de l'Académie et en province, il ne pouvait pas faire le poids,* prétend-il, *contre un Académicien parisien»,* écrit Bruno Latour. Les deux commissions successives de l'Académie des sciences constituées pour trancher la controverse étaient ainsi formées de collègues de Pasteur.

De plus, Pasteur est un personnage en vue du second Empire, en partageant l'idéologie, et intime de Napoléon III, alors que Pouchet est tenu à l'écart des cercles de pouvoir parisien. Toutes ces raisons amènent Farley et Geison à conclure: *«Les recherches de Pasteur et son jugement scientifique ont été influencés par des facteurs extérieurs, et cela beaucoup plus que dans le cas de Pouchet.»*

Les rationalistes

Pour le courant rationaliste, le succès de Pasteur s'explique par le fait qu'il a, contrairement à son adversaire, mis en œuvre de manière exemplaire la méthode hypothético-déductive réputée fonder la science. Son hypothèse ? Que l'apparition de micro-organismes dans des milieux stériles s'explique par des contaminations extérieures par des germes en suspension. Les expériences qu'il en déduit ? Tester l'apparition d'éventuels micro-organismes dans des milieux maintenus en contact avec l'extérieur, mais de telle manière qu'aucune particule en suspension n'y pénètre. Sa conclusion ? Que la génération spontanée n'existe pas.

Confronté à la nouvelle lecture du débat Pasteur/Pouchet que propose le courant relativiste, son adversaire rationaliste s'est replongé dans les archives pour démontrer que les expériences de Pasteur étaient mieux conçues et mieux exécutées. Quand Pouchet prétend avoir conçu un appareil mesurant les germes en suspension dans l'atmosphère, il affirme par exemple n'en avoir observé aucun dans un mètre cube d'air prélevé dans son laboratoire poussiéreux encombré de spécimens animaux du muséum de Rouen ! Et si Pasteur n'a pas reproduit les expériences de Pouchet, il les a en revanche critiquées.

L'historien et philosophe des sciences Nils Roll-Ransen, de l'université d'Oslo, en Norvège, souligne ainsi que Pasteur était conscient du fait, pour l'avoir observé sur du lait préalablement ébouillanté, que certains micro-organismes sont capables de survivre à un passage à 100 °C. De même, il a communiqué à l'Académie des sciences les biais qu'il voyait dans les expériences de Pouchet affirmant avoir observé une génération spontanée de micro-organismes au contact de l'air supposé exempt de germes, des montagnes pyrénéennes.

Violations des normes

D'une part, Pouchet avait descellé ses ballons à l'aide d'une lime, susceptible d'être contaminée par le contact des mains, non d'une pince stérilisée à la flamme comme dans le protocole de Pasteur. D'autre part, l'expérience n'avait porté que sur huit ballons répartis en deux stations, un effectif statistiquement insuffisant pour une conclusion définitive. Et ce d'autant plus que Pouchet expliquait dans sa première communication qu'il n'observait de micro-organismes que dans deux des quatre ballons, avant de se palinodier en affirmant qu'il les avait vus dans les quatre.

Plus généralement, considère Dominique Raynaud, sociologue à l'université de Grenoble, le travail de Pouchet est marqué par de constantes violations des normes en vigueur dans la communauté scientifique. Celle de l'impartialité, par exemple. *« Lorsque par la méditation, il fut évident pour moi que la génération spontanée était encore l'un des moyens qu'emploie la nature pour la reproduction des êtres, je m'appliquai à découvrir par quels procédés on pouvait parvenir à en mettre les phénomènes en évidence »*, écrit Pouchet dans son *Hétérogénie.*

La correspondance de Pouchet avec ses collaborateurs, qui évoque sa « sainte cause » visant à « triompher » de celui qu'il surnomme, en référence à l'alchimiste de la Renaissance « Paracelse II », offre de nombreux exemples de cette partialité de Pouchet. Toutes ces raisons conduisent Dominique Raynaud à conclure : *« Les réactions de l'Académie des sciences furent motivées* [...] *par des arguments scientifiques que les hétérogénistes ne parvinrent pas à retourner et sur une évaluation normative de l'attitude scientifique de Pouchet. »*

On en parle aussi...

Père(s) de Neptune ?

Officiellement, la primauté de la découverte de la planète Neptune revient à l'astronome français Urbain Le Verrier, qui publie ses résultats en 1846. Il n'observe alors pas directement la planète, mais calcule la trajectoire perturbée d'Uranus et démontre que ce phénomène est dû à la présence d'une planète : Neptune. En réalité, c'est l'astronome britannique John Couch Adams qui aurait le premier mis cet astre au jour par des calculs similaires en 1843. Mais à l'époque, Adams est un jeune chercheur : ses calculs ne sont pas pris en considération par ses pairs, et il ne parvient pas à publier ses résultats.

Pure et désintéressée

En 1870, le chimiste britannique Alexander Williamson reprend à son compte le distinguo entre science « pure » et « appliquée » dans son discours inaugural de l'université de Londres pour promouvoir une science pure et désintéressée. Encore faut-il la financer ! Les États commencent alors à le faire : la Royal Society, fondée en 1660, reçoit des subventions du gouvernement britannique dès 1850. L'association américaine pour l'avancement des sciences, qui édite aujourd'hui la revue *Science* voit le jour en 1848. Ce tournant en matière de politique scientifique s'accompagne d'une évolution sémantique : le terme de savant est peu à peu remplacé par celui de chercheur.

Holisme cérébral

À la fin du XIXe siècle, le neurologue français Pierre Marie considère que le cerveau fonctionne comme un tout. Son homologue Paul Broca, médecin et anatomiste à la faculté de médecine de Paris, va contre cette vision « holistique » et considère qu'à chaque zone correspond une fonction cognitive. En 1861, il affaiblit la thèse holistique en mettant en évidence une zone du cortex cérébral propre à la parole chez l'un de ses patients aphasiques : l'« aire de Broca ».

7

Les dangers de la radioactivité

Pour ou contre l'effet de seuil

L'engouement initial suscité par la découverte de la radioactivité a cédé la place aux craintes. Si les risques pour la santé sont avérés lors d'une exposition massive, une question demeure : quels sont les effets sur l'organisme de faibles doses de radiations ?

« Enfant, avant-guerre, on me donnait à boire une eau dont la publicité vantait la teneur en radium et thorium radioactifs. Elle était considérée comme un stimulant. » Ce souvenir du cancérologue et radiobiologiste Edmond Malaise, aujourd'hui retraité, résume l'insouciance qui prévalait dans les décennies qui ont suivi la découverte des rayons X par le physicien allemand Wilhelm Röntgen, en 1895, et de la radioactivité, un an plus

L'essentiel

- En 1924, un physicien américain suggère de limiter l'exposition professionnelle aux rayonnements.
- La notion de seuil, dose à partir de laquelle le rayonnement devient dangereux pour l'homme, divise les scientifiques.
- Les études épidémiologiques ne permettent pas aujourd'hui encore de trancher quant aux conséquences des petites doses de radiations.

tard, par Henri Becquerel, physicien français. «Et pourtant, la première victime d'irradiation remonte au début des années 1900, raconte le radiobiologiste Nicolas Foray, de l'Inserm, à Lyon. Clarence Dally travaillait avec Thomas Edison, qui espérait industrialiser la radiologie et mettre au point des lampadaires à fluorescence grâce à une source à rayons X!»

L'assistant y laisse cheveux et moustache, son visage s'orne de brûlures, et il sera amputé d'un bras en 1901 après un cancer de la peau. Dans son édition du 3 août 1903 le *New York Times* annonce que Thomas Edison jette l'éponge: *« Ne me parlez plus de rayons X,* dit l'inventeur de l'ampoule à filament. *Ils me font peur. J'ai cessé depuis deux ans de les utiliser, quand j'ai failli perdre la vue et quand mon assistant a pratiquement perdu l'usage de ses deux bras. J'ai peur aussi du radium et du polonium et je ne veux plus y toucher. »*

À l'époque, les rayonnements auxquels sont exposés les manipulateurs de rayons X et de substances radioactives sont intenses. Malgré cela, le radium se pare de multiples vertus aux yeux d'industriels, de commerçants et du public. On en trouve dans des crèmes de beauté ou amincissantes, dans l'eau de boisson ou dans les produits contre les coups de soleil. Et dans les années 1920, des milliers d'ouvrières, les «radium girls», sont contaminées: elles peignent au radium des aiguilles de montres et de réveils pour les rendre photoluminescentes, affinant la pointe du pinceau entre leurs lèvres. Nombreux seront aussi les chercheurs et médecins victimes des rayonnements ionisants, à commencer par Marie Curie, qui avait découvert le radium.

Pourtant, dès 1906, son époux Pierre Curie avait décrit les dégâts de l'exposition volontaire au radium de son avant-bras. Les rayons X sont eux aussi détournés de leur usage médical naissant. En 1911, le radiologue Léon Bouchacourt reçoit la visite de deux personnes en quête d'épilation par rayons X. Il hésite, puis accepte, pour étudier leur effet sur la peau. *« C'est comme cela qu'il découvre qu'une même dose ne produit pas les mêmes effets sur deux individus, ce qu'on appelle aujourd'hui la radiosensibilité »*, raconte Nicolas Foray.

Seuil de protection

En 1924, le physicien américain d'origine allemande Arthur Mutscheller suggère de limiter l'exposition professionnelle aux rayonnements. Constatant qu'une dose externe de 600 röntgens – l'unité de l'époque – reçue sur trente jours provoque des érythèmes de la peau, il la ramène à une dose journalière, puis la divise par cent par sécurité. Et propose ainsi une valeur à ne pas dépasser par jour de 0,2 röntgen. En 1934, le Comité international de protection contre les rayons X et le radium (IXRPC) reprend la proposition d'Arthur Mutscheller. Transcrit dans l'unité actuelle, le premier seuil d'exposition est donc fixé à 700 millisieverts (mSv) par an, soit 35 fois la norme actuelle de 20 mSv pour les travailleurs exposés aux rayonnements ionisants. Alors que Marie Curie vient de mourir, les radiologues et les radiothérapeutes disposent d'une limite pour se protéger.

Personne n'évoque alors la notion de faible dose, *« des doses qui ne provoquent pas de réactions déterministes, c'est-à-dire des brûlures ou des desquamations »*, précise Nicolas Foray. On n'a pas encore compris que des doses peu importantes de radiations peuvent provoquer des effets invisibles à long terme.

« Ce sont les essais nucléaires américains de l'après-guerre qui vont contribuer à faire naître la controverse sur les effets des expositions aux faibles doses », raconte l'historienne et sociologue des sciences Soraya Boudia, de l'université de Paris-Est - Marne-la-Vallée. Avec seize essais pour la seule année 1951, des scientifiques américains craignent que n'augmente la radioactivité dans l'environnement. Pour répondre aux interrogations, la Commission atomique américaine finance des travaux en géophysique, en génétique, ou en écologie scientifique.

L'Europe, qui peine à se remettre de la guerre, est alors relativement en retrait sur le plan scientifique. *« La controverse prend une dimension internationale en 1954 avec un épisode qui frappe des pêcheurs japonais »*, explique Soraya Boudia. Le 1er mars, en effet, le *Daigo Fukuryū Maru* pêche le thon dans l'océan Pacifique, à 160 kilomètres au large de l'atoll de Bikini, à bonne distance de la zone d'exclusion définie par les États-Unis pour l'un de ses essais. Ce jour-là, la bombe nucléaire Castle Bravo libère à Bikini 1 300 fois la puissance de la bombe tombée sur Hiroshima. Le navire se retrouve plusieurs heures sous une pluie de poussières et de cendres. La plupart des 23 membres d'équipage tombent malades : douleurs, nausées, inflammations de la peau… Une fois le navire rentré au Japon, la polémique éclate en dépit des dénégations américaines.

Exposition annuelle

Les peurs ne se focalisent pas sur le cancer, mais surtout sur l'apparition de mutations génétiques propres à modifier l'espèce humaine. À cette époque, la controverse émane de scientifiques reconnus. Le biologiste américain Edward Lewis (Nobel de médecine en 1995), à l'Institut californien de technologie, montre ainsi en 1957 que les risques liés à la radioactivité ont été sous-estimés. Il défend l'idée d'une relation linéaire entre la dose de radiations reçue et l'apparition de leucémie.

Cette vision s'oppose aux travaux qui démontrent l'existence de seuils, doses à partir desquelles apparaît la maladie. « Les études sur les victimes d'Hiroshima et de Nagasaki constatent un seuil de 100 mSv pour l'apparition des leucémies, et de 200 mSv pour les autres cancers », précise Nicolas Foray. Sans contester les études, la Commission internationale de protection radiologique CIPR (l'ex-IXRPC) décide néanmoins en 1958 de s'appuyer sur la relation dose effet linéaire sans seuil, un principe qui reste en vigueur. La CIPR, considérant qu'on ne peut pas faire autrement, fixe une norme d'exposition annuelle sous laquelle le risque est considéré comme acceptable. À l'époque, elle est de 50 mSv pour les travailleurs du nucléaire, et de 5 mSv pour le public.

« La relation sans seuil est conservative, justifie Florence Ménétrier, qui dirige l'unité d'expertise en toxicologie au Commissariat à l'énergie atomique. Elle vise à garantir une meilleure protection pour le public dans le domaine des faibles doses. En effet les études épidémiologiques ne permettent pas de conclure si les faibles doses entraînent un effet néfaste, bénéfique ou aucun effet. »

Cette controverse réapparaît et disparaît selon l'actualité. « C'est une controverse à rebonds, commente Soraya Boudia. Dans les années 1950, elle a contribué à poser le problème des faibles doses et conduit à l'adoption de normes d'exposition plus protectrices. En 1970, elle a rejailli avec le développement de l'industrie nucléaire et les mouvements antinucléaires. Et depuis les années 1990, notamment après l'accident de Tchernobyl, elle s'est installée de manière durable. »

En 1990, la CIPR a de nouveau abaissé les normes, fixées depuis à 20 mSv pour les travailleurs du nucléaire, et 1 mSv pour le public. *« Les normes ne peuvent être encore abaissées à la faveur de nouveaux résultats sans entraîner l'arrêt d'activités nucléaires, voire l'usage de technologies médicales »*, explique l'historienne.

Des populations exposées à une importante radioactivité naturelle pourraient nous en apprendre plus. Dans certaines régions du Brésil, d'Iran et au Kerala, en Inde, l'exposition naturelle dépasse 50 mSv par an, contre 1 mSv en moyenne en France. *« On sait qu'il existe des aberrations chromosomiques dans ces populations, sans pouvoir conclure à l'existence d'un effet sanitaire,* explique Florence Ménétrier. *Des données récentes sur des nouveau-nés du Kerala ne montrent pas d'augmentation de la fréquence des aberrations chromosomiques par rapport à des populations exposées à des irradiations naturelles plus faibles. »*

Manque de données

Aujourd'hui, le débat est confiné aux milieux scientifiques. L'objet des discussions reste le type de relation entre la dose de rayonnements ionisants et le risque d'apparition de cancers. Car faute de données, les scientifiques sont conduits à extrapoler les effets aux faibles doses à partir d'observations à fortes doses. « *C'est une question très actuelle,* explique Florence Ménétrier. *Car nous avons de plus en plus recours à des examens médicaux, radiographiques et aux scanners, qui nous exposent aux rayonnements.* » C'est d'ailleurs l'effet des limites de dose sur l'usage médical des rayonnements ionisants qui alimente une controverse qui a rebondi en France, avec la publication en 2005 d'un rapport commun des Académies des sciences et de médecine, sévère envers la doctrine « sans seuil ».

« L'usage d'une relation empirique qui n'est validée que pour des doses supérieures à 200 mSv pourrait, en surévaluant les risques, faire renoncer à des examens susceptibles d'apporter au malade des informations utiles », soulignent les académiciens. La même année, un rapport de l'Académie américaine des sciences défend au contraire la doctrine sans seuil, estimant par exemple que pour 100 personnes exposées à une dose de 100 mSv, une seule développera une tumeur radio-induite. À 10 mSv, le risque baisse à un pour mille. « Il faut comparer cela au risque de contracter un cancer dû à d'autres causes que les rayonnements ionisants. Dans son rapport, l'Académie américaine l'évalue à 42 cancers pour 100 personnes », insiste Florence Ménétrier. La CIPR et l'organisme onusien Unscear défendent également la relation linéaire.

Sensibilité individuelle

D'autres travaux évoquent un effet positif des faibles doses, baptisé « hormésis », qui activerait des mécanismes de réparation de l'ADN et préparerait les cellules à résister à une dose plus forte. « *On ne peut pas extrapoler à l'homme des résultats observés sur des cultures cellulaires* », prévient Florence Ménétrier. « *Toutes les études épidémiologiques montrent qu'il n'existe pas d'hormésis* », confirme Nicolas Foray, qui défend la notion de radiosensibilité individuelle. Selon lui, entre 10 % et 15 % de la population serait radiosensible, autrement dit plus susceptible de subir des effets induits par une exposition aux rayonnements. « *On constate par exemple que chez les femmes dont le gène BRCA1 est muté, le risque de cancer du sein radio-induit est multiplié par cinq. Pour des maladies génétiques rares, comme l'ataxie telangectasie, le risque de leucémie est multiplié par dix.* »

Pour en finir avec les controverses sur l'effet des faibles doses, le radiobiologiste préconise un changement radical de paradigme : « *Si on prenait comme unité de mesure non plus le gray ou le sievert, mais le nombre de cassures double brin de l'ADN non réparées, une donnée facile à mesurer, cela permettrait de tenir compte de la sensibilité individuelle. De plus, la même unité pourrait aussi être utilisée pour quantifier l'action cancérigène d'agents chimiques, comme les métaux lourds.* » Difficile d'envisager un tel bouleversement. Mais les progrès des travaux sur la radiosensibilité individuelle devront bien être pris en compte dans les normes. Et l'alternative est claire : soit on abaisse les doses maximales pour tout le monde, au risque d'empêcher des examens médicaux essentiels, soit on casse le dogme d'universalité des normes, pour les adapter à la sensibilité de chacun.

Et aussi...

Raymond Dart et le berceau africain de l'humanité

En 1925, ce paléontologue sud-africain confirme la prédiction de Darwin : le berceau de l'Humanité est en Afrique. Il s'oppose à ses confrères européens.

Le 3 février 1925, le journal *The Star de Johannesbourg*, en Afrique du Sud, se fait l'écho d'une incroyable découverte : celle du crâne fossilisé d'un très jeune individu appartenant de toute évidence à une famille de grands singes préhistoriques, mais dont les principaux traits, la dentition, la mandibule et le volume de la cavité crânienne l'apparentent plus à l'homme qu'au singe. Cette découverte est le fruit de l'opiniâtreté de Raymond Dart. Ce médecin, né en Australie en 1893, dirige le département d'anatomie de l'université du Witwatersrand, à Johannesbourg. Il se passionne pour la paléoanthropologie et encourage la collecte de fossiles pour son laboratoire. Il lui faudra des mois pour extraire d'un bloc de calcaire le crâne de l'« enfant de Taung », du nom de la localité, située à 500 kilomètres au nord-ouest de Johannesbourg, où le fossile a été trouvé. Il le décrit dans un article soumis à la revue *Nature* et dans lequel il le baptise *Australopithecus africanus*, ce qui signifie « grand singe du sud de l'Afrique ». Il essuie un refus. Pour ses confrères européens, sa découverte est inacceptable. À l'époque, on cherche le « chaînon manquant » entre l'homme et le singe. Or l'on croit l'avoir trouvé à Piltdown, en Angleterre, sous forme d'un crâne qui présente les caractéristiques requises. Et, pour des raisons plus idéologiques que scientifiques, comme le souligne l'anthropologue Michel Brunet, l'ancêtre de l'homme ne peut venir que d'Europe ou d'Asie.

Contraint par les révélations du Star, Nature publiera finalement l'article. Raymond Dart subit dès lors les attaques de ses confrères du Vieux Continent. L'enfant de Taung ne serait pour eux qu'un gorille ou un chimpanzé. De plus, ils arguent que, sans individu adulte, on ne peut rien prouver. Et ce malgré les découvertes de fossiles du Sud-Africain Robert Broom, qui confortent les hypothèses de Dart. La reconnaissance définitive vient en 1953, lorsque des analyses montrent que le crâne de Piltdown est un faux constitué d'un crâne humain doté d'une mâchoire d'orang-outan. Les découvertes ultérieures en Afrique de l'Est puis centrale confirmeront que Dart avait vérifié, dès 1925, la thèse de Darwin qui situait le berceau de l'homme en Afrique.

8

La tectonique des plaques

Les mobilistes contre les fixistes

Dans les années 1960, les sciences de la Terre vivent une révolution. Les continents, vus jusque-là comme des objets immuables, deviennent des terres en continuel mouvement. Le modèle parvient à s'imposer grâce aux progrès des instruments d'observation.

En 1960, rares sont les scientifiques qui en doutent : la surface de la Terre présente une géométrie immuable, stable. En 1968, l'immense majorité des géologues et géophysiciens en sont persuadés : la configuration actuelle de la Terre est éphémère, les masses continentales n'ont jamais cessé de se déplacer, parfois sur des milliers de kilomètres. Entre ces deux dates ? L'exploration des océans. Une collecte de données à la fois altimétriques, magnétiques, sismiques et paléontologiques qui révolutionne en moins de dix ans

> **L'essentiel**
>
> - En 1912, Alfred Wegener expose sa théorie d'une translation horizontale des continents, sans convaincre les géologues.
> - Après la seconde Guerre Mondiale, l'exploration des fonds marins conduit à la découverte des dorsales océaniques.
> - Le modèle des plaques tectoniques, en mouvement les unes par rapport aux autres, à la surface de la Terre, s'impose à la fin des années 1960.

la vision des continents. Un bouleversement comparable à la révolution héliocentrique de Copernic, affirment aujourd'hui les scientifiques du domaine. Un bouleversement qui ne s'est pas fait sans heurts.

Les prémices de cette révolution remontent au début du XXe siècle. Le 6 janvier 1912, un jeune allemand est seul contre tous. Alfred Wegener, météorologiste de formation, n'a que 31 ans lorsqu'il expose devant les membres de la session annuelle de l'union géologique allemande, à Francfort, sa vision des « translations horizontales des continents ». L'idée, explique-t-il, lui est venue en observant la concordance des côtes de part et d'autre de l'Atlantique. De plus, les similitudes de faune, de flore et d'éléments géologiques plaident en faveur d'une origine commune des continents américain et africain.

Il n'est pas le premier à constater ces éléments troublants. En 1564 déjà, un cartographe hollandais, Abraham Ortelius, suggère que les Amériques ont été *« arrachées de l'Europe et de l'Affriqué à la suite de tremblements de terre et de déluges »*. Au XIXe siècle, on pense que les continents ont dû se rétracter à cause d'un refroidissement de la Terre. Cette contraction aurait créé des fosses entre les terres émergées, qui se seraient ensuite remplies d'eau. Puis au début du XXe siècle, une autre hypothèse est avancée : des ponts continentaux auraient permis de rejoindre les continents entre eux mais se seraient effondrés depuis. Quelle que soit l'argumentation, une seule vision prévaut à cette époque : les continents, ne pouvant se déplacer, ont toujours conservé leur position à travers l'histoire de la Terre.

Mais pour le jeune voyageur Wegener, qui n'a pas été formé aux théories géologiques fixistes de l'époque, l'explication la plus rationnelle est celle d'une dérive des continents. « *L'Amérique du Sud doit avoir été contiguë à l'Afrique au point de constituer avec elle un bloc continental unique. Ce bloc s'est scindé pendant le Crétacé en deux parties qui se sont écartées au cours du temps, comme dérivent les tronçons d'un glaçon se brisant dans l'eau* », peut-on lire dans sa *Genèse des continents et des océans,* écrite en 1915, lors d'une convalescence pour blessure de guerre. La controverse naît.

Alfred Wegener

Rejet de la dérive

Les oppositions sont nombreuses et virulentes. Surtout de la part des géologues américains. Comment un météorologiste peut-il avancer une telle hypothèse en ne s'appuyant que sur la concordance des côtes et quelques éléments naturalistes ? Mais surtout, c'est le manque de mécanisme explicatif qui alimente la controverse : comment les continents peuvent-ils se déplacer dans un milieu solide, aussi rigide que l'acier ? Les forces évoquées par Wegener – celles de la rotation de la Terre, ou de l'attraction de la Lune et du Soleil – sont bien trop faibles pour soulever des montagnes. Mécaniquement, son hypothèse ne tient pas. « *La dérive des continents n'explique rien de ce que nous, géophysiciens, voulons expliquer. Elle est quantitativement insuffisante et qualitativement inapplicable* », écrit ainsi le scientifique britannique Harold Jeffreys en 1924, avant de trancher en 1929 : « *Une dérive séculaire des continents, telle qu'elle a pu être soutenue par A. Wegener et autres, est hors de question.* » De fait, si l'hypothèse d'une mobilité des continents est correcte, le modèle explicatif de Wegener ne l'est pas.

Près d'un demi-siècle plus tard, l'étude des fonds océaniques apporte la solution. Pendant la Seconde Guerre mondiale, puis la guerre froide, l'exploration des océans devient un enjeu stratégique. Il s'agit de repérer les sous-marins ennemis et de trouver comment dissimuler ses propres submersibles. Des navires américains, équipés de sonars, de sismomètres et de magnétomètres sillonnent alors les océans. Avec à bord des scientifiques engagés pour l'occasion, comme le géologue Harry Hess ou l'océanographe Maurice Ewing. Profitant de l'intérêt militaire pour ce champ de recherche, ce dernier fonde en 1949, à New York, le Lamont Geological

Observatory, aujourd'hui nommé Lamont Doherty Earth Observatory, de l'université Columbia. Ce sont les chercheurs de ce laboratoire qui découvrent, dans les années 1950, les plus grandes structures géologiques sur Terre : les dorsales océaniques. Des chaînes quasi ininterrompues de montagnes pouvant atteindre 4 000 mètres d'altitude par rapport aux bassins adjacents. Une immense muraille naturelle qui balafre le fond des océans, où se produit une grande part des séismes enregistrés sur Terre.

En clair, le plancher des océans est bien plus actif qu'on le pensait. Et son origine comme son évolution sont clairement distinctes de celles des continents. Or, aucun schéma à l'époque ne peut expliquer ces découvertes. Il fallait donc changer de schémas. Mais par quoi les remplacer ?

Parmi les nouvelles propositions, celle d'un géologue australien, Walter Carey, détonne : la Terre serait en expansion. Initialement recouverte de continents unis, ces derniers se seraient écartés au fur et à mesure du gonflement de la Terre, ouvrant la place à des océans. D'où un plancher océanique plus jeune. Las, son hypothèse ne résiste à aucune loi de la physique et ne convainc personne. Mais l'idée plaît à un géologue américain, qui la présente lors d'un séminaire à Princeton auquel assiste Harry Hess. L'ex-officier de marine imagine immédiatement une autre solution : il y aurait bien création de croûte océanique, mais aussi destruction au niveau des fosses, profondes dépressions sous-marines qui longent les continents ou les archipels volcaniques. De cette manière, le volume de la Terre reste fixe. C'est son modèle du tapis roulant, la jeune croûte océanique vieillit en s'écartant de la dorsale et, plus dense que la croûte continentale, s'enfonce dessous quand elle en rencontre.

Pour calmer les plus sceptiques de ses collègues, Harry Hess ne présente pas en 1960 son hypothèse sous la forme d'un article ou d'une communication scientifique en bonne et due forme, mais comme un « essai en géo-poésie ». « *Sa prudence s'explique,* analyse le géophysicien français Xavier Le Pichon. *Harry Hess avait une place au plus haut niveau dans le monde scientifique. Il ne voulait pas provoquer ses collègues par ses idées iconoclastes. Or les grands noms des sciences de la Terre étaient massivement fixistes et se montraient d'une grande agressivité envers ceux qui ne l'étaient pas.* » Pour convaincre ces sceptiques, des preuves irréfutables, des tests qui valident concrètement le nouveau modèle sont nécessaires.

En 1963, grâce à une nouvelle technique de datation tirant parti de la présence de certains éléments radioactifs dans les roches, et qui permet de déterminer leur âge sur plusieurs milliards d'années, des géologues américains et australiens parviennent à dater les renversements du champ magnétique terrestre. Durant ces renversements, les pôles magnétiques Nord et Sud s'échangent mutuellement. Ces inversions peuvent se lire dans les roches volcaniques qui conservent la trace de ce champ magnétique lorsqu'elles se refroidissent. Ainsi, durant les quatre derniers millions d'années, la Terre a connu quatre renversements magnétiques spectaculaires, le dernier datant d'environ 700 000 ans.

Modèle du tapis roulant

Un jeune géophysicien anglais, Frederick Vine, comprend aussitôt l'intérêt de cette découverte. Si le modèle du tapis roulant d'Harry Hesse est correct, on devrait pouvoir distinguer ces inversions de champs magnétiques de façon parallèle, de part et d'autre des dorsales. En 1963, il publie son idée, cartes magnétiques à l'appui, dans la revue *Nature*. Mais seuls des yeux avisés parviennent à détecter cette régularité et cette symétrie de part et d'autre de la dorsale. *« Vine s'était concentré sur l'une des zones de dorsales les plus complexes, avec une très faible vitesse d'expansion »*, explique rétrospectivement Xavier Le Pichon. Si bien que les anomalies magnétiques ressemblaient plus à un champ de bataille qu'à une succession ordonnée et symétrique d'événements… Pas de quoi convaincre les sceptiques.

Mais en mars 1966, un grand nombre de réticents finissent par changer de camp, convaincus par la publication du « profil magique ». C'est-à-dire celui de la dorsale de l'océan Pacifique réalisé à bord du navire océanographique américain l'*Eltanin-19*. Cette fois, on y voit des bandes tout à fait parallèles, symétriques de part et d'autre de la dorsale, un aspect en peau de zèbre de plus de 1 000 kilomètres de long. Le doute n'est plus permis. *« Devant ce profil, il n'y avait plus d'autre explication possible que celle du tapis roulant »*, relate Xavier Le Pichon. Lui-même a très mal vécu cette publication : quelques mois auparavant, il soutenait avec brio sa thèse sur la structure géophysique de la dorsale médio-atlantique et concluait à l'impossibilité d'un modèle dynamique. *« Lorsque j'ai vu ce profil, j'ai immédiatement compris que je m'étais trompé »*, se souvient cet académicien des sciences. Il n'est pas le seul à basculer du côté de l'hypothèse de Hess : en avril 1967, lors du congrès de l'American Geophysical Union à Washington, la majorité des scientifiques jettent aux oubliettes le paradigme fixiste et embrassent la toute nouvelle théorie de la tectonique des plaques.

Et aussi...

Jean Piaget contre Noam Chomsky

Lors d'un colloque exceptionnel, les deux scientifiques opposent leur théorie de l'acquisition du langage.

Le lieu est unique. La rencontre aussi. Du 10 au 13 octobre 1975, un colloque exceptionnel a lieu dans l'abbaye de Royaumont, dans le Val-d'Oise, et réunit pour la première et dernière fois deux poids lourds de la psychologie du développement : Noam Chomsky et Jean Piaget. Le psycholinguiste américain Chomsky travaille alors à Cambridge, au Massachusetts Institute of Technology, tandis que Piaget, son homologue suisse, âgé de 79 ans, est en fin de carrière à Genève. Les deux savants sont invités par le Centre Royaumont, présidé par le prix Nobel Jacques Monod, pour défendre leur théorie de l'acquisition du langage chez l'enfant. À savoir, le structuralisme pour Jean Piaget, et une théorie plus récente, l'innéisme, pour Noam Chomsky. La théorie du développement cognitif de Jean Piaget défend l'idée que, chez l'enfant, le langage s'acquiert par étapes et l'intelligence se développe progressivement, en interaction avec le monde extérieur, notamment via l'éducation et la culture. Noam Chomsky, avec sa théorie de grammaire générative, estime quant à lui que le langage n'est pas le fruit d'une construction mais une capacité innée, inscrite dans le cerveau humain. À cette époque, les deux paradigmes font l'objet d'un nombre accru de comparaisons et sont sujets à débats dans les revues spécialisées. L'organisation de ce colloque traduit un besoin de mettre en scène l'opposition entre les deux théories pour mieux comprendre les rapports entre inné et acquis dans le développement cognitif de l'enfant. Pour aider l'assemblée à se forger une opinion, les deux hommes rédigent chacun un court texte qui résume leur thèse point par point avant de se lancer dans le débat. Dans l'auditoire, des philosophes, des biologistes, des psychologues ou encore des neuroscientifiques, comme le jeune Jean-Pierre Changeux, viennent écouter et échanger avec les deux chercheurs. Rapidement, Noam Chomsky et Jean Piaget tombent d'accord sur l'existence d'un « noyau fixe » chez l'enfant : une capacité logique à former des phrases. Le point de controverse se cristallise donc sur la nature innée de cette capacité. À l'issue du débat, aucune théorie ne prend l'avantage sur l'autre, mais les arguments de Noam Chomsky séduisent. Olivier Houdé, professeur de psychologie à l'université Paris-Descartes, estime que ce duel de trois jours a été décisif et a mené à l'ouverture de nouvelles voies de recherche dans les années 1980 et 1990. Notamment à l'étude des capacités cognitives précoces chez le bébé, appliquée au langage mais aussi aux nombres.

Forage du sous-sol

Il faut dire que les preuves s'accumulent en faveur de ce nouveau modèle. Des études sismiques démontrent qu'au-dessus des dorsales, la propagation des ondes consécutive à un tremblement de terre indique bien un phénomène d'ouverture, alors qu'au niveau des fosses, on constate un raccourcissement et l'on peut même suivre la lithosphère qui s'enfonce dans la Terre. Des forages du sous-sol océanique confirment également que plus on s'éloigne des dorsales, plus les sédiments sont vieux. Dès lors, en partant du principe qu'il se crée autant de croûte océanique au niveau des dorsales qu'il n'en disparaît au niveau des fosses, il devient possible de dresser les premiers modèles quantitatifs.

Jason Morgan, de l'université de Princeton, est le premier à proposer une surface terrestre découpée en douze « blocs » rigides, se déplaçant les uns par rapport aux autres selon les règles de la géométrie sphérique. En 1967, il montre que le mouvement des blocs américain et eurasien s'explique bien par une rotation autour de l'axe de la Terre. Cette année-là, Xavier Le Pichon abandonne tous ses travaux en cours pour se consacrer au premier modèle global quantitatif du mouvement des plaques tectoniques. Six mois plus tard, après de nombreuses nuits blanches passées devant son ordinateur, il affirme à sa femme : *« Je vais devenir le scientifique le plus célèbre du siècle. » « Je venais de passer cinq ans à essayer de comprendre les dorsales océaniques, et là tout s'expliquait, par la géométrie sphérique et un peu d'informatique »*, raconte le chercheur. Son article est publié en 1968.

Chaque plaque se retrouve affublée d'une direction et d'une vitesse de déplacement. Des données qui seront confirmées près de vingt ans plus tard, grâce aux mesures par satellites. Ainsi, Hawaï et le Japon se rapprochent bien de 10 centimètres par an. *« Je ne pensais pas que mes prédictions étaient si précises… Cette éclatante confirmation fut un grand moment dans ma vie »*, confie Xavier Le Pichon.

Seuls quelques irréductibles refusent encore d'adopter ce modèle, prétextant des observations contradictoires. Comment expliquer par exemple les volcans au milieu d'une plaque océanique, comme Hawaï ? On découvre quelques années plus tard l'existence des points chauds, remontées de magma très profond qui surviennent au milieu d'une plaque. Et les chapelets d'îles volcaniques alignées viendront renforcer le modèle des plaques en mouvement. Autre cause de réticence : la vitesse de déplacement des plaques semble incompatible avec la modélisation du flux de chaleur qui se dégage de la Terre. Mais la découverte des sources hydrothermales permettra d'expliquer cette différence. À court d'arguments, les sceptiques disparaissent progressivement. Vingt ans après avoir été débattue au sein de la communauté scientifique, la tectonique des plaques entre dans l'enseignement universitaire, dès 1970 pour l'université Paris-VII, pionnière en la matière. Les livres scolaires ont corrigés en 1982. Désormais, la tectonique des plaques semble aussi évidente que le fait que la Terre tourne autour du Soleil. Un délai plutôt court pour un tel bouleversement. Pour comparaison, il avait fallu plus de deux cents ans pour que le système héliocentrique de Copernic soit accepté.

On en parle aussi…

Art préhistorique

À l'aube du XXe siècle, certains archéologues doutent encore des talents artistiques des hommes préhistoriques. Le préhistorien Émile Cartailhac, en tête des tenants de la thèse d'une évolution linéaire de l'intelligence, pense que l'homme n'a pu maîtriser un art complexe que sur le tard. Le jeune abbé Breuil, en revanche, après avoir examiné en 1901 les peintures pariétales des grottes de Combarelles et de Font-de-Gaume en Dordogne affirme que ces représentations de mammouths datent bien du paléolithique. Et finit par convaincre son aîné.

Matière noire

Fritz Zwicky est un astrophysicien américano-suisse. En 1933, il étudie un amas de sept galaxies et constate qu'elles se déplacent beaucoup plus vite que ce que prévoit la théorie de la gravitation de Newton. Il en déduit l'existence d'une matière inconnue et invisible qu'il baptise « matière noire », qui permet d'expliquer ses observations. L'idée est rejetée, notamment à cause de l'incertitude des calculs du chercheur. Elle est aujourd'hui l'un des piliers du modèle standard de la cosmologie.

Génétique et comportement

Apparue au début des années 1970 et défendue par le biologiste américain Edward Osborne Wilson dans son ouvrage *Sociobiology, the New Synthesis,* la sociobiologie divise. Selon Wilson, les comportements humains, tels que l'altruisme ou la xénophobie, sont essentiellement déterminés génétiquement. Ses opposants, comme le paléontologue Stephen Jay Gould, pensent que l'influence de la société sur l'homme joue un rôle important et critiquent la dérive finaliste de la sociobiologie. Une controverse qui s'inscrit dans la perpétuelle question de l'inné et de l'acquis.

9

La mémoire de l'eau

Benveniste contre Maddox

Diluez une solution active jusqu'à ce qu'elle ne contienne plus que de l'eau : vous obtenez une solution qui conserve ses effets. En 1988, cette affirmation de Jacques Benveniste déclenche une enquête scientifique sans précédent.

L'immunologiste français Jacques Benveniste avait le sens de la formule. Lorsqu'il proposa en 1988 que l'eau avait une mémoire, il donna en effet naissance à une expression dotée d'un certain attrait culturel. La preuve : à ce jour, la « mémoire de l'eau » a été utilisée comme titre d'une pièce de théâtre, de deux films, d'un recueil de poèmes et d'une chanson rock.

Mais Benveniste, qui mourut en 2004, reste surtout dans l'histoire des sciences comme le déclencheur d'une controverse scientifique encore active un quart de siècle plus tard.

L'essentiel

- En 1988, le respecté immunologiste Jacques Benveniste publie dans *Nature* un article dans lequel il affirme que l'eau conserverait la mémoire des molécules qu'elle a diluées, même quand celles-ci ne sont plus présentes.
- Ce travail, qui justifiait les affirmations des homéopathes, n'a jamais pu être répliqué de façon fiable.
- Depuis la mort de Benveniste, qui ne s'est jamais rétracté, d'autres ont repris le flambeau de ces recherches, en particulier le Prix Nobel Luc Montagnier.

Tandis que la plupart des physiciens et des chimistes considèrent que son idée initiale est en contradiction avec tout ce que nous savons des propriétés de l'eau liquide, ses anciens collègues et une poignée de convertis continuent de penser qu'elle contenait une part de vérité.

Selon Benveniste et ses disciples, l'eau garderait la mémoire des substances qui y ont été dissoutes. Elle conserverait ainsi les propriétés chimiques de ces substances même lorsqu'elles sont diluées au point d'avoir complètement disparu. La controverse est d'autant plus âpre que cette hypothèse offre une explication au fonctionnement de l'homéopathie, dans laquelle les médicaments supposés sont dilués au point qu'il ne reste virtuellement plus d'ingrédients actifs dans le produit.

Même s'il ne semble pas y avoir de bonne raison de croire que l'eau ait une « mémoire », personne n'est en mesure d'expliquer les étranges résultats présentés par Benveniste en 1988. Cette affaire illustre la difficulté qu'a la science à gérer les découvertes allant si fortement à l'encontre de l'orthodoxie, notamment lorsqu'elles ont des conséquences sur des questions culturelles plus larges. Dans de tels cas, l'évaluation objective des données peut ne pas être suffisante, voire ne pas être possible. L'entreprise scientifique est alors révélée pour ce qu'elle est en réalité : une aventure humaine avec ses ambiguïtés, ses imperfections et ses écueils.

À l'origine, Benveniste ne cherchait pas à découvrir quoi que ce soit sur l'eau. Directeur de l'unité U200 de l'Institut national de la santé et de la recherche médicale (Inserm) à Clamart, dans les Hauts-de-Seine, il était respecté pour son travail sur les réponses allergiques. En 1987, avec son équipe, il constata un phénomène étrange en étudiant comment un certain type de globules blancs humains, les basophiles, répond aux anticorps.

Allergène et histamine

Les basophiles patrouillent dans le sang à la recherche de particules étrangères. Lorsqu'ils rencontrent une substance allergène, ils libèrent une molécule, l'histamine, au cours d'un phénomène appelé dégranulation. La dégranulation débute lorsque les allergènes se fixent à certains anticorps, les immunoglobines E (IgE), se trouvant à la surface des basophiles.

L'équipe de Benveniste utilisait un « allergène factice » pour lancer le processus : un autre anticorps appelé anti-IgE, produit par des animaux non humains. Les chercheurs constatèrent que, dans certains cas, la dégranulation se déclenchait alors que la concentration en anti-IgE était en théorie trop faible pour avoir un effet. Ils diluèrent alors graduellement une solution d'anti-IgE et enregistrèrent le niveau de dégranulation observé chez les basophiles.

Selon les principes de base de la chimie, l'activité des anti-IgE aurait dû décroître doucement jusqu'à être nulle, à mesure que la concentration diminuait. Mais au contraire, l'activité semblait augmenter et diminuer de manière quasi rythmique à mesure que la solution était diluée. Encore plus étrange, ce schéma semblait se poursuivre alors que la solution était diluée au point qu'il ne devait plus rester aucune molécule d'anti-IgE.

Cela n'avait aucun sens. Comment des molécules pouvaient-elles avoir un effet sans être présentes ? Benveniste considéra cette découverte comme suffisamment frappante pour la soumettre à la revue *Nature*.

À cette époque, le rédacteur en chef de *Nature* était John Maddox, personnage réputé pour son empathie envers les outsiders et son scepticisme vis-à-vis des consensus scientifiques. Contre l'avis général de son équipe, il insista pour envoyer l'article à des experts pour évaluation. Les relecteurs furent déconcertés, mais ne trouvèrent aucune faille évidente. Les expériences furent reproduites dans des laboratoires indépendants au Canada, en Italie et en Israël, si bien qu'il ne semblait pas y avoir d'autre possibilité que de publier l'article de Benveniste. *Nature* le fit en juin 1988, en l'accompagnant d'un éditorial signé par Maddox, dans lequel celui-ci admettait qu'il n'y avait pas d'explication objective à ces observations.

Moule pour molécule

Cet article de *Nature* fut à l'origine d'une grande pagaille. Dès le départ, il était évident que les résultats de Benveniste semblaient offrir une validation scientifique à l'homéopathie, à l'encontre de ce que pensent la plupart des médecins et des pharmaciens. Selon l'un des principes de l'homéopathie, les ingrédients « actifs », déjà incroyablement dilués, seraient d'autant plus efficaces à mesure que la dilution se poursuit. *« L'homéopathie trouve un soutien scientifique »*, proclama ainsi l'hebdomadaire américain *Newsweek.*

Comment l'eau pourrait-elle réaliser cela ? À l'évidence, l'équipe française n'en avait aucune idée. Ils suggéraient dans leur article que *« l'eau agirait comme une sorte de moule pour la molécule* [d'anti-IgE] ». Mais cela n'a aucun sens. Tout d'abord, ils voulaient manifestement dire le contraire : l'anticorps agirait comme un moule pour imprimer une sorte de structure moléculaire à l'eau, ce qui permettrait à celle-ci de se substituer à l'anticorps lorsque celui-ci est progressivement dilué. Mais alors, comment l'impression en négatif produite par la molécule/moule pourrait-elle agir comme celle-ci ?

Cela mis à part, les propriétés des anticorps ne dépendent pas seulement de leur forme, mais aussi de la position de groupements chimiques spécifiques le long de la molécule. Plus important encore, l'eau est un liquide : ses molécules sont en permanence en mouvement, se liant les unes aux autres par des liaisons chimiques faibles pendant un millième de milliardième de seconde avant de se séparer pour former de nouvelles configurations. Toute impression disparaîtrait en un instant. Et enfin, si Benveniste et ses collègues avaient raison, l'eau ne devrait-elle pas présenter les propriétés de toutes les substances qu'elle a dissoutes un jour ? Elle serait ainsi à la fois sucrée, salée, biologiquement active, ou encore toxique.

Expert et illusionniste

Les données sont les données. Mais, est-ce vraiment le cas ? C'est l'interrogation qui tarauda Maddox. Pour en avoir le cœur net, il lança une enquête sans précédent dans l'unité U200 de l'Inserm. Il se déplaça lui-même à Clamart pour observer l'équipe de Benveniste reproduire ses mesures.

Et aussi...

Martin Fleischmann et la fusion froide

Un chimiste respecté ruine sa réputation avec une erreur qu'il refuse de reconnaître.

Il serait injuste de ne se souvenir de Martin Fleischmann, mort l'année dernière à l'âge de 85 ans, que pour son travail sur la « fusion froide ». Selon cette présumée découverte réalisée en 1989 avec Stanley Pons, de l'université de l'Utah à Salt Lake City, aux États-Unis, la fusion nucléaire de l'hydrogène lourd (deutérium) et la libération d'énergie qui en découle pourraient être réalisées dans des conditions de laboratoire normales. Avant de faire cette proposition controversée, Fleischmann jouissait d'une réputation internationale pour son travail dans le domaine de l'électrochimie. La fusion froide est désormais rejetée par tous, à l'exception d'une poignée d'irréductibles, et, de l'avis de beaucoup de scientifiques, cette affaire sema le doute sur ses capacités de jugement, et même sur son intégrité.

Fleischmann est né en Tchécoslovaquie en 1927, dans une famille d'ascendance juive. Il émigra en Angleterre pour échapper aux nazis alors qu'il était encore un jeune garçon. Il réalisa ses travaux les plus célèbres à l'université de Southampton, où il découvrit en 1974 une technique pour observer les processus chimiques sur des surfaces. Ces travaux et d'autres études plus tardives sur les électrodes miniaturisées ont fait de lui un personnage respecté dans le monde de l'électrochimie.

Après avoir pris officiellement sa retraite, il poursuivit ses recherches avec Stanley Pons. Et en 1989, donc, ils affirmèrent que l'électrolyse du deutéroxyde de lithium à l'aide d'électrodes en palladium produisait plus d'énergie qu'elle n'en consommait. Selon eux, la cause en était la fusion des atomes de deutérium, dont la densité était grande à l'intérieur des électrodes en palladium, véritables « éponges à hydrogène ».

Plus que la découverte elle-même, c'est la manière dont elle fut annoncée qui provoqua la controverse dès le départ : avant même de publier un article dans une revue scientifique à comité de lecture, les deux scientifiques annoncèrent leur découverte lors d'une conférence de presse. Ce faisant, ils volèrent aussi la vedette à une équipe de l'université Brigham Young toute proche, qui s'apprêtait à annoncer des résultats similaires.

Lors de la réunion de la Société américaine de chimie en avril 1989, Fleischmann et Pons furent accueillis comme des stars du rock pour avoir, semblait-il, réalisé ce que les physiciens essayaient de faire depuis des décennies : produire de l'énergie grâce à la fusion nucléaire. Les choses tournèrent cependant vite au vinaigre. La vraie fusion doit en effet s'accompagner de certaines signatures caractéristiques, comme la formation d'hélium et l'émission de neutrons avec une énergie particulière. La validité des affirmations des deux scientifiques dépendait également des résultats d'expériences de contrôle dans lesquelles le deutérium devait être remplacé par de l'hydrogène ordinaire. Pons et Fleischmann sont toujours restés évasifs sur le fait qu'ils aient ou non effectué ces vérifications et sur leurs résultats, le cas échéant.

L'unique article qu'ils ont publié n'apporte pas plus d'indications sur le sujet, et ne contient qu'une démonstration plutôt maigre. Peu après, d'autres équipes ont annoncé des « excès de chaleur » ou d'autres signes supposés de fusion lors d'expériences similaires, mais il n'a jamais été possible de reproduire ces observations. Au contraire, plusieurs études exhaustives n'ont pas pu trouver d'indices

convaincants en faveur de la fusion froide. L'affaire s'est mal terminée, avec une succession de procès, de récriminations mutuelles et d'accusations de fraude.
Fleischmann a toujours maintenu que la fusion froide était réelle, même si ce n'était peut-être pas exactement le phénomène qu'il avait imaginé au départ. Cette affaire présente tous les attributs du concept de science pathologique tel que décrit par Irving Langmuir : des effets marginaux impossibles à reproduire, et des explications ad hoc constamment changeantes. Toutefois, certains s'accrochent toujours aujourd'hui à l'espoir attrayant que la fusion froide pourrait être une source d'énergie.

Il était accompagné du biologiste américain Walter Stewart, expert en fraude scientifique affilié aux Instituts américains de la santé, et de l'illusionniste James Randi, célèbre pour avoir discrédité les affirmations pseudoscientifiques de certaines personnalités, comme celles du « psychokynésiste » Uri Geller*.

Cette équipe de contrôleurs imposa aux chercheurs français une série d'expériences conçues pour éviter l'autosuggestion et la supercherie. Leurs conclusions furent accablantes : « *Les anti-IgE déclenchaient la dégranulation à des dilutions conventionnelles, mais il n'y avait pas d'effet à "haute dilution".* » Dans les faits, certaines expériences avaient indiqué une activité à haute dilution, mais cette activité n'était ni reproductible ni périodique à mesure que la dilution augmentait.

Les tentatives d'autres laboratoires de reproduire les résultats de Benveniste sont restées infructueuses. Bien que

* Uri Geller devint célèbre dans les années 1970 pour sa prétendue faculté de plier le métal par la simple force de sa pensée.

d'étranges effets aient été occasionnellement observés à haute dilution, les résultats anormaux ne sont pas rares dans les expériences portant sur les systèmes biologiques. Ces derniers sont en effet notoirement complexes et sensibles aux impuretés ou aux modifications infimes des conditions du milieu.

Après l'enquête de Maddox, la plupart des scientifiques rejetèrent la mémoire de l'eau comme une chimère. Pour autant, Benveniste ne s'est jamais rétracté. Il fut renvoyé de l'Inserm après avoir poursuivi son travail sur les hautes dilutions au mépris des instructions de sa direction. Il continua son activité grâce à des fonds privés, ayant attiré autour de lui une sorte de culte.

Ces études l'ont conduit à affirmer que l'eau agit comme un *« véhicule pour l'information* [biologique] », transportant le signal qui, d'une manière ou d'une autre, code l'activité des molécules biologiques. Finalement, Benveniste arriva à la conclusion que l'eau pouvait être « programmée » pour agir comme n'importe quel agent biologique (protéines, bactérie, virus) grâce à des signaux électromagnétiques. Ceux-ci pouvaient même être enregistrés et envoyés sur les lignes téléphoniques. En 1997, il créa une société, DigiBio, pour promouvoir le nouveau champ de la « biologie digitale ».

Ces études se sont poursuivies après sa mort et peuvent désormais compter sur un partisan renommé : l'immunologiste Luc Montagnier, co-lauréat du prix Nobel en 2008 pour la découverte du VIH, virus responsable du sida. Luc Montagnier pense que la molécule d'ADN elle-même peut agir comme un émetteur ou un récepteur de signaux électromagnétiques de très faibles fréquences servant à diffuser des effets biologiques. Selon lui, les signaux émis par l'ADN des agents pathogènes pourraient être utilisés pour détecter les infections.

Origine quantique

Il assure que ces émissions ne dépendent pas de la quantité d'ADN pathogène en suspension et qu'elles sont parfois détectables à de très hautes dilutions. Il explique qu'elles trouvent peut-être leur origine dans des phénomènes quantiques se déroulant dans l'eau entourant l'ADN et les autres structures biologiques, en accord avec une théorie controversée qui avait été proposée pour expliquer les expériences de Benveniste.

« Benveniste a été rejeté par tout le monde car il était trop en avance, a déclaré Luc Montagnier. Je pense qu'il avait en grande partie raison, mais le problème était que ses résultats n'étaient pas reproductibles à 100 %. » En 2010, il s'est lancé dans des recherches sur l'ADN à hautes dilutions au sein d'un nouvel institut de recherche à l'université Jiao-tong de Shanghai, en Chine.

Pendant ce temps, l'idée que la structure moléculaire indubitablement particulière de l'eau, source incessante de controverse à elle toute seule, puisse être à l'origine des effets observés à haute dilution continue de trouver quelques défenseurs parmi les physicochimistes. De leur côté, les homéopathes n'ont jamais vraiment abandonné l'espoir que l'idée de Benveniste puisse apporter la validation scientifique qu'ils espèrent tant.

Tous ces travaux restent résolument aux marges de la science. Toutefois, que faire des affirmations de Benveniste? J'ai rejoint *Nature* juste après la publication de l'article sur la mémoire de l'eau, et j'ai eu l'occasion de parler avec lui peu de temps avant sa mort. Mon opinion personnelle est qu'il croyait entièrement en ce qu'il disait. C'était un homme charmant et charismatique qui était convaincu d'avoir été condamné par la « prêtrise scientifique » pour hérésie. D'une façon ironique, il ne sut jamais à quel point Maddox, son ennemi juré, partageait ses tendances anticonformistes.

Empilement de données

La rhétorique galiléenne utilisée par Benveniste est commune à ceux qui se sentent rejetés en raison de leurs affirmations scientifiques controversées. Il n'a jamais semblé savoir comment rendre ses résultats convaincants d'une autre manière qu'en les accumulant. Confronté à un phénomène déroutant, l'instinct du scientifique devrait être de tenter de le décomposer, de le rechercher dans des systèmes plus simples qui sont plus facilement compris et contrôlés, et enfin de localiser l'origine des anomalies. Au contraire, Benveniste n'a eu de cesse d'étudier des systèmes biologiques de plus en plus complexes (bactéries, plantes et cochons d'Inde), jusqu'à ce que ni lui ni personne d'autre ne puisse réellement comprendre ce qui se passait.

La dernière conférence de son équipe à laquelle j'ai assisté, en 2004, n'était qu'une succession de graphiques et de nombres, comme si n'importe quelle idée farfelue pouvait continuer à exister tant que personne n'avait l'occasion de s'arrêter pour l'examiner. C'est peut-être là que se trouve la véritable leçon de cette controverse sur la mémoire de l'eau : lorsque vous tombez sur un résultat scientifique véritablement étrange et remarquable, votre première obligation n'est pas de montrer comment c'est possible, mais plutôt pourquoi ça ne l'est pas.

On en parle aussi...

ADN et hérédité

En 1944, les expériences de l'Américain Oswald Avery indiquent que l'ADN est le support de l'information génétique. Or à l'époque, de nombreux biologistes considèrent que c'est une molécule trop simple pour porter une information complexe. Il faut attendre la présentation des travaux d'Erwin Chargaff, à l'université Columbia aux États-Unis, sur les proportions des différentes bases azotées (les « briques de base » de l'ADN) chez différentes espèces, en 1950, et la découverte de la structure en double hélice en 1953 par James Watson et Francis Crick, à l'université de Cambridge en Angleterre, pour faire accepter cette idée.

Vitamine C anticancéreuse

L'Américain Linus Pauling, double Prix Nobel (chimie en 1954 et paix en 1962), se lance en 1970 dans la recherche sur les bienfaits de la vitamine C. Selon lui, administrée à haute dose et à long terme, elle permettrait de lutter contre le cancer. Cependant, le réexamen de ses études cliniques laisse suspecter des biais dans le choix des patients, tandis qu'une autre étude ne parviendra pas à reproduire ses résultats.

Écran de fumée

Au début des années 1950, plusieurs études relient l'explosion du nombre de cancers du poumon au tabagisme. La réaction de l'industrie du tabac ne se fait pas attendre. En 1958, elle fonde le Conseil de recherche sur le tabac, piloté par l'agence de relation publique Hill & Knowlton, qui subventionne alors ses propres études protabac.

Signe de vie

Deux équipes se disputent sur la nature des premières traces de vie sur Terre. Des chercheurs américains affirment que des bactéries photosynthétiques existaient déjà il y a environ 3,5 milliards d'années. Une dizaine d'années plus tard, en 2002, des biologistes britanniques plaident, eux, pour des bactéries productrices de méthane. Une controverse qui court toujours, tant les échantillons à analyser sont rares.

10

Le réchauffement climatique

Climatologues contre climatosceptiques

Sur quoi se dispute-t-on à propos du climat? Cette question même est l'objet de discussions agitées. Les motivations de ceux qui contestent l'origine humaine du changement climatique, son étendue, les moyens d'y faire face ou l'expertise des climatologues, sont en effet très diverses.

Les controverses sur le changement climatique ne sont pas closes ; des disputes passionnées se poursuivent sous nos yeux. Contrairement aux controverses historiques – résolues, refroidies et documentées – le problème est embrouillé, on manque de recul et les enjeux sont plus brûlants que jamais. Mais qu'entend-on par controverse sur le climat ?

L'essentiel

- Le changement climatique est aujourd'hui l'objet d'une polémique publique.
- Aux États-Unis des industriels financent des lobbyistes chargés d'instiller le doute dans la société.
- En France, le débat est surtout porté par des climatosceptiques qui accusent les climatologues d'être contre le progrès au nom d'une pseudoscience.

Et doit-on parler de « la » controverse ou « des » controverses sur le climat ? Cela importe, car la définition du sujet de la dispute fait elle-même l'objet d'une controverse. Il n'y a pas une histoire, mais plusieurs façons de raconter les controverses sur le climat. En voici trois.

Le premier récit est celui de la polémique qui oppose quelques « climatosceptiques » niant la responsabilité de l'homme dans le changement climatique à la majorité des scientifiques du climat. Ceux-ci ont abouti à un consensus, exprimé dans les rapports du Groupe d'experts intergouvernemental sur l'évolution du climat (GIEC). Certains gaz à effet de serre rejetés par les activités humaines (en particulier le dioxyde de carbone émis par la combustion du pétrole et du charbon) piègent dans l'atmosphère le rayonnement infrarouge émis par la Terre. Cet « effet de serre » engendre un réchauffement atmosphérique global. L'accumulation de ces gaz dans l'atmosphère se traduit par des changements climatiques qui s'amplifieront.

Pour les climatologues cette polémique ne mérite pas le nom de controverse. Dans une controverse scientifique, les adversaires s'affrontent en effet selon des règles établies, devant un public de pairs. Or les spécialistes du climat ne reconnaissent pas de légitimité scientifique aux climatosceptiques. Ignorant la science du climat, leurs arguments ne sont pas recevables ; leurs discours sont truffés d'erreurs, et parfois de mensonges.

Leurs allégations portent en effet sur des sujets présentés comme s'ils remettaient en question l'origine humaine du réchauffement, mais pris en compte par les climatologues, même s'ils ont pu faire débat dans le passé : le rôle du Soleil dans les fluctuations du climat ; le rôle de la vapeur d'eau comme puissant gaz à effet de serre, etc. Les scientifiques du climat, assistés par des journalistes spécialisés, ont réfuté ces attaques.

Des historiens et des sociologues des sciences sont allés plus loin : ils ont montré qu'aux États-Unis, des climatosceptiques étaient subventionnés par les *lobbies* du pétrole et du charbon, et étroitement liés aux *think tanks* ultraconservateurs. Certains de ces sceptiques avaient déjà travaillé pour les industriels du tabac, pour minimiser les effets sanitaires de la cigarette. Marchands de doute professionnels, ils s'emploient à entretenir artificiellement l'ignorance dans le public, dans le but d'empêcher les mesures de réduction des émissions de gaz à effet de serre qui devraient s'imposer si l'on écoutait l'expertise du GIEC.

À y regarder de plus près, pourtant, les choses sont un peu plus compliquées. Le contexte est en effet tout autre en Europe : à la différence des États-Unis, qui refusent de ratifier le protocole de Kyoto, la lutte contre le changement climatique a constitué un des piliers de la politique européenne. Le consensus sur la réalité et les causes du changement climatique s'étend sur tout l'échiquier politique ; les climatosceptiques agissent souvent individuellement et ne sont pas liés à des *lobbies* pétroliers.

Enfin, les sceptiques ne sont pas responsables de l'impasse des négociations internationales ou de la faiblesse des politiques climatiques (sauf sans doute, partiellement, aux États-Unis). Les raisons de ces échecs tiennent aux rapports de force géopolitiques, aux intérêts économiques nationaux, aux divergences sur les priorités politiques, etc. Le consensus scientifique n'est plus contesté dans les arènes internationales, mais il ne suffit pas à entraîner l'action politique.

Si les sceptiques français ne sont pas liés aux firmes pétrolières, quelles sont alors leurs motivations ? Elles sont politiques et idéologiques, dit-on : ils défendent la modernité technoscientifique et accusent leurs adversaires d'être influencés par une idéologie « verte ».

Écologie irrationnelle

C'est notre deuxième histoire, cette fois centrée sur le cas français. On peut faire remonter la généalogie du climatoscepticisme hexagonal à 1992. En réaction au Sommet de la Terre de Rio, se constitue une mouvance intellectuelle et politique s'opposant à une « écologie irrationnelle » au nom d'une « écologie scientifique ». Elle se manifeste par la publication d'ouvrages comme *Le Nouvel Ordre écologique* du philosophe Luc Ferry, et par des initiatives tel l'appel d'Heidelberg, signé par près de 4 000 scientifiques dont 72 Prix Nobel, qui dénonçait *« une idéologie irrationnelle qui s'oppose au progrès scientifique et industriel »*. Contrairement à ce qu'indique son nom, l'origine de cet appel est française, et c'est en France qu'il a eu le plus d'impact médiatique. Plusieurs signataires participeront dans les décennies suivantes aux controverses sur le climat.

Dans les années 2000, le changement climatique devient en France un problème public institutionnalisé et consensuel, auquel il importe de sensibiliser les citoyens. Les controverses apparaissent peu dans les médias, et les sceptiques sont marginalisés. Ils sont à nouveau plus présents en 2009 et 2010, à la faveur de la montée puis la chute des espérances suscitées par la conférence de Copenhague de décembre 2009.

Le climatosceptique français le plus célèbre, le géochimiste et ancien ministre Claude Allègre, revendique un combat « politique et épistémologique ». Il en appelle à « une autre vision de l'écologie », allant de pair avec une certaine conception de la science liée aux valeurs de progrès et d'innovation. Or les nouvelles disciplines scientifiques qui étudient les effets des activités humaines sur l'environnement, le climat ou la santé, bousculent cette vision des sciences et des relations traditionnellement nouées entre sciences et politique.

Comme d'autres sceptiques, Claude Allègre met en doute non seulement les résultats, mais aussi les sciences du climat. Au premier rang desquelles figure la modélisation par ordinateur, opposée à la « vraie science », fondée sur l'observation et la théorie. Une opposition absurde, car les climatologues confrontent sans cesse simulations et données d'observation, lesquelles sont toujours retravaillées à l'aide de modèles.

Mais l'ancien ministre va plus loin : il met en cause la légitimité des sciences du climat, et même la compétence et l'honnêteté des climatologues. C'est en réaction à ces attaques que ces derniers ont adressé en avril 2010 une lettre ouverte à leurs tutelles signée de 600 chercheurs : par cette démarche ils demandaient la reconnaissance, non pas de la validité scientifique de leurs résultats, mais de la légitimité institutionnelle de leur discipline. Car les climatologues ressentent une forme de fragilité de leur domaine, liée à une institutionnalisation assez récente, aux contraintes d'une expertise très lourde et exposée politiquement – et aussi à la puissance des réseaux d'influence politique et scientifique des hiérarques des disciplines rivales.

Mais il serait trop simple de réduire les controverses du climat à des batailles politiques entre pro- et anti-environnementalistes se déroulant sur le terrain scientifique. Certes, cette bipolarisation domine le champ, mais elle restreint le débat : d'un côté la vérité scientifique (donc inutile de parler de politique) ; de l'autre les intérêts politiques (donc inutile d'évoquer les différends scientifiques). On occulte ainsi une partie des critiques, qui ne s'inscrivent pas dans cette vision binaire.

Les controverses publiques se sont multipliées en 2009 et 2010, mais elles se sont aussi diversifiées : le changement climatique est devenu une question majeure, il reconfigure de nombreux domaines, et des personnalités variées (scientifiques mais aussi intellectuels, philosophes, journalistes) s'expriment à son sujet. C'est là notre troisième histoire : il n'y a pas une controverse sur le changement climatique, mais un imbroglio de désaccords hétérogènes. Les désaccords ne se réduisent pas à la négation de la responsabilité humaine (c'est pourquoi toutes les voix dissonantes ne peuvent être appelées climatosceptiques) ni à des attaques anti-écologistes.

Doutes sur les modèles

Les désaccords portent souvent sur les sciences, en particulier sur la modélisation du climat. On l'a vu, c'est là un thème favori des sceptiques. Mais il existe aussi parfois, chez des personnes de formation scientifique ou d'ingénieur, une authentique méfiance vis-à-vis des modèles du climat, qui s'apparente à un conflit de « cultures épistémiques » : des scientifiques ayant des pratiques et des méthodologies éloignées développent des épistémologies et des conceptions de la science différentes.

Or le développement et l'utilisation des modèles de climat requièrent des pratiques spécifiques. Par exemple un modèle de climat englobe des théories physiques éprouvées et des représentations simplifiées de processus complexes, les paramétrisations. Bien entendu, les raisons épistémiques qui amènent certains acteurs à mettre en cause les sciences climatiques ne sont pas exclusives de motivations politiques : les deux peuvent se conjuguer et se renforcer.

D'autres critiques, soulevées par des scientifiques de domaines « frontaliers » du climat, ou concernés par les impacts du changement climatique, relèvent aussi en partie de conflits épistémiques. La suprématie de la modélisation, l'approche par « descente d'échelle » (du climat global au climat régional, puis aux impacts), la primauté du climat sur d'autres facteurs affectant les relations entre sociétés et milieux, ne sont pas toujours jugés pertinents par des chercheurs qui travaillent à d'autres échelles et à partir d'autres paradigmes. Les difficultés se rencontrent notamment quand il s'agit d'évaluer les manifestations et les conséquences locales du changement global. Ainsi, des scientifiques qui tendent à privilégier la complexité du terrain, la variabilité, la multicausalité, les facteurs économiques et sociaux… – géographes, spécialistes de l'eau, des catastrophes, des migrations, etc. – peuvent voir leurs domaines reconfigurés par les nouveaux enjeux, les méthodes et l'expertise liés au changement climatique.

Les climatologues ne confondent pas ces critiques avec celles des sceptiques mentionnés plus haut, d'autant qu'ils sont eux-mêmes engagés dans des débats sur les limites de leurs modèles. Car il y a aussi, comme dans tous les domaines scientifiques, de nombreuses controverses internes aux sciences du climat. Elles concernent la valeur de la hausse

Et aussi...

Wolfgang Haken et Kenneth Appell démontrent le théorème des quatre couleurs par l'informatique

Wolfgang Haken, professeur émérite à l'université de l'Illinois, se souvient qu'en 1981, dans une université de New York, lors du tournage d'un documentaire sur sa démonstration du « théorème des quatre couleurs », un professeur de mathématiques empêcha ses élèves de lui parler : il redoutait qu'ils soient « contaminés ». De quelle terrible maladie Wolfgang Haken était-il porteur ? En 1976, avec son collègue Kenneth Appell, aujourd'hui décédé, ils avaient utilisé un ordinateur (!) pour prouver que quatre couleurs suffisent pour colorier n'importe quelle carte sans que deux pays adjacents soient de la même couleur (comme dans l'exemple ci-contre).

Cette démonstration avait attiré une attention considérable, car c'était la première fois qu'on utilisait l'ordinateur de manière intensive dans les parties délicates d'une démonstration. Dès lors, la controverse était lancée : pouvait-on faire confiance à cette preuve alors qu'une partie était du code informatique auquel on n'avait pas accès ? Incrédules, certains invoquaient un précédent fâcheux : en 1971, la rumeur s'était répandue que le théorème avait été démontré par une autre équipe, aussi à l'aide d'un programme informatique ; mais une erreur avait été identifiée dans celui-ci.

Avant que la preuve de Kenneth Appell et de Wolfgang Haken ne soit proposée, ceux qui travaillaient sur ce problème se séparaient en trois catégories. Les optimistes étaient convaincus qu'une preuve élégante, uniquement mathématique, devait exister. Les sceptiques pensaient qu'il devait exister un contre-exemple infirmant la conjecture, puisqu'on n'avait pas trouvé de preuve élégante. Enfin, pour les modernistes, seul l'ordinateur pouvait étudier les millions de configurations possibles. Pour l'instant, ces derniers l'emportent. Georges Gonthier, du centre de recherche commun Inria-Microsoft de Saclay, dans l'Essonne, a même formalisé et vérifié en 2005 la preuve du théorème des quatre couleurs à l'aide d'un programme informatique spécifique nommé « assistant de preuve ». Mais certains optimistes n'ont pas désarmé. Car cette démonstration et toutes celles du même genre qui ont suivi modifient la manière de faire des mathématiques et la nature de ce qu'est une preuve. « Les mathématiciens rédigent des preuves pour expliquer ce qui se passe. Or, quand une preuve repose sur un gros calcul, on sait que le résultat est juste mais on ne sait a priori pas pourquoi, explique Georges Gonthier. Certains mathématiciens restent opposés à cette irruption de l'ordinateur en mathématiques, car cela trahirait une certaine simplicité et beauté de leur travail. Mais travailler sur des résultats "élégants" est limitatif, car on sait que la plupart des choses qui sont vraies le sont pour des raisons compliquées. »

du niveau des mers, la représentation des nuages, le rôle des aérosols, l'attribution des événements extrêmes au réchauffement global, et bien d'autres sujets aux conséquences importantes. Ces débats très vifs sont le plus souvent peu publicisés, à cause de leur caractère « ésotérique » mais aussi pour ne pas donner prise aux critiques extérieures.

Les « cadrages » dominants du problème climatique, c'est-à-dire les façons dont il est défini et « mis en politique » aux niveaux national et mondial, sont aussi remis en question.

Certains désapprouvent un scientisme qui s'incarnerait dans l'institution du GIEC, ainsi que dans certains discours de politiques et de scientifiques, et qui confierait à la science un rôle d'autorité justifiant la décision politique. D'autres critiquent le caractère moralisateur et dépolitisant de la médiatisation du problème en France, où l'accent a été mis sur les émissions individuelles de dioxyde de carbone et la nécessité de « changer de comportement ». Des analyses pointent une forme de « réductionnisme climatique » : le climat, seul facteur (très partiellement) connaissable du futur grâce à la modélisation physique, en devient la variable de prédiction dominante, marginalisant ainsi les autres facteurs (naturels, politiques et sociaux) contribuant à façonner l'avenir.

Entre science et politique

Le GIEC, surtout, concentre les critiques : ses « résumés à l'attention des décideurs » et les discours qui s'en réclament sont accusés de partialité, de catastrophisme, de ne pas assez tenir compte des incertitudes ou, au contraire, de ne pas prendre en compte les hypothèses extrêmes. Se voulant à la fois détenteur de l'autorité scientifique et neutre politiquement, le GIEC est vulnérable aux attaques. En réalité, son expertise scientifique, aussi exigeante soit-elle, est intrinsèquement faillible et provisoire, elle est inévitablement politisée, orientée par les demandes et l'importance des enjeux.

Face à ces tensions inhérentes à toute expertise, le GIEC cherche à consolider sa crédibilité scientifique et politique afin de rendre le processus d'expertise plus robuste. Là aussi, les uns préconisent de renforcer les frontières entre science et politique et de présenter un front uni, les autres d'accroître la transparence et le pluralisme des procédures.

Et aussi...

La fécondation in vitro, objet de discorde

Un ovule tenu à l'extrémité d'une pipette en verre, mis en contact in vitro avec des spermatozoïdes, puis l'œuf ainsi formé implanté dans l'utérus maternel : ces quelques manipulations préludent à la naissance en Angleterre, le 25 juillet 1978, de Louise Brown. Elle est le premier « bébé-éprouvette », conçu hors du corps de sa mère. Pour les couples infertiles, l'espoir est immédiat. Mais de nombreuses interrogations apparaissent aussi, voire de l'hostilité chez certains scientifiques qui déplorent le manque d'essais préalables sur l'animal. En effet, malgré plusieurs dizaines de travaux menés depuis 1878 principalement sur des lapins, seules quelques naissances avaient été obtenues jusqu'alors. Et si les lapereaux nouveau-nés apparaissaient en bonne santé, aucun suivi à plus long terme n'avait encore été réalisé. Cela n'a pas empêché la technique de se diffuser extrêmement rapidement. À ce jour, environ cinq millions d'enfants sont nés dans le monde grâce à une fécondation in vitro, sans différences apparentes avec les autres enfants.

Si aujourd'hui la science devient *« de plus en plus nécessaire mais de moins en moins suffisante à l'élaboration d'une définition socialement établie de la vérité »,* comme l'écrit le sociologue allemand Ulrich Beck, ces nouvelles modalités de gestion des controverses indiquent peut-être la forme que prendront demain les débats autour de « nouveaux risques » et autres problèmes sociotechniques (nucléaire, organismes génétiquement modifiés, nanotechnologies, etc.).

La focalisation sur la controverse autour de la réalité du changement climatique a tendance à occulter ces désaccords, qui sont peu publicisés et peu débattus. La polémique sur l'origine humaine du réchauffement global s'éteindra peut-être bientôt, mais il y a de nombreuses autres raisons d'être en désaccord sur le changement climatique – sur son importance, ses principaux responsables, son expertise, ses conséquences, les moyens d'y faire face, etc. Ces débats-là sont nécessaires et ils ne sont pas près de disparaître.

11

La quête de la conscience

Dualistes contre matérialistes

L'étude de la conscience a longtemps été réservée aux philosophes et aux psychologues. Il y a vingt ans, les toutes jeunes neurosciences avancent que le fonctionnement neuronal suffit à expliquer son existence.

Faut-il chercher la conscience dans les neurones? «*Nous sommes faits de matière, et c'est de cette matière que naît la conscience*», répond Richard Frackowiak, neurologue à l'université de Lausanne, en Suisse. La réponse ne surprend pas de la part de l'homme qui codirige le Projet cerveau humain (Human Brain Project, en anglais), projet international qui vise à simuler le fonctionnement entier du cerveau. De là à modéliser la conscience il n'y aurait qu'un pas. Que franchit sans ambages Christof Koch, directeur scientifique de l'institut Allen des sciences du cerveau à Seattle, aux États-

> **L'essentiel**
>
> - Il y a cinquante ans, aucun scientifique n'aurait osé affirmer que la modélisation du cerveau permettrait de simuler la conscience.
> - Pour beaucoup de neuroscientifiques, la conscience émerge de l'activité du système nerveux. Et la science peut étudier ce phénomène.
> - L'imagerie cérébrale leur permet d'identifier les changements neuronaux concomitants à la prise de conscience.

Unis : « *La majorité des neurologues est persuadée que la modélisation du travail des neurones permettra de simuler la conscience.* » L'avis n'est cependant pas partagé par Steven Laureys, spécialiste du coma à l'université de Liège, en Belgique : « *Je ne crois pas que le Projet cerveau humain simulera la conscience.* »

Boîte noire insondable

Il y a ne serait-ce que cinquante ans, ce débat aurait semblé complètement déplacé. La conscience était alors un objet d'études philosophiques et psychologiques, pas biologique. Mais dans les années 1980, Francis Crick, Prix Nobel de biologie pour la découverte de la structure de l'ADN, jette un pavé dans la mare. Il affirme que la conscience peut être étudiée scientifiquement. C'est ce qu'il appelle son hypothèse stupéfiante. Bientôt, d'autres neurologues, et notamment Jean-Pierre Changeux, à l'Institut Pasteur, à Paris, lui emboîtent le pas. Ils remettent ainsi sur la table l'antique débat des matérialistes contre les dualistes : sommes-nous uniquement composés de matière ou la conscience exige-t-elle un élément, immatériel, en plus ?

Les neuroscientifiques font évoluer le débat. Ils n'affirment pas forcément que la conscience est matière, mais qu'elle « émerge » de l'activité des cellules du système nerveux. Et que la science peut étudier ce phénomène d'émergence. L'idée heurte alors les psychologues comportementalistes, pour lesquels la seule manière scientifique et objective d'étudier l'esprit consiste à observer ce qui est scientifiquement rapportable : le comportement, qui est la réponse de l'esprit à un stimulus. L'esprit est considéré comme une boîte noire, insondable. Mais l'hypothèse de Francis Crick trouve un écho favorable chez les adeptes de l'intelligence artificielle. Depuis l'avènement des ordinateurs, certains scientifiques estiment à la suite du mathématicien britannique Alan Turing que les machines pourraient être un jour suffisamment perfectionnées pour être dotées d'une conscience.

Mais de quelle conscience parle-t-on ? Dans le langage courant, le mot recouvre plusieurs sens : on parle parfois de la conscience comme d'un état de vigilance qui s'oppose au sommeil. Il peut s'agir aussi de la capacité d'une personne à développer une pensée réflexive sur elle-même, à pratiquer l'introspection. Les psychologues, eux, étudient la conscience de soi, de son identité propre.

En neurologie, la conscience désigne un processus mental qui hiérarchise et sélectionne des informations sensorielles en provenance, *via* les sens, du monde extérieur et intérieur pour en donner une représentation, subjective par nature, et unique. Ce processus permettrait au sujet conscient de focaliser son attention sur des tâches nécessitant une plus grande réflexion (par exemple des tâches nouvelles ou complexes), pendant que les tâches habituelles sont réalisées inconsciemment. Au-delà du processus mental, le mot conscience peut aussi faire référence aux sensations subjectives ainsi générées, ce que certains appellent les *qualia :* cette conscience dite « phénoménale » des choses perçues, la sensation que cela fait de voir du rouge ou d'avoir chaud.

Personne ne s'accorde aujourd'hui sur la définition de la conscience, ni sur quel type de conscience peut être l'objet d'études scientifiques. Ainsi, Lionel Naccache, de l'Institut du cerveau et de la moelle épinière à Paris, se focalise sur la conscience d'accès : « *Une représentation mentale dont on peut rendre compte, sur laquelle on peut communiquer : je ressens ceci, je veux cela, je perçois cela, je me souviens d'untel.* » Christof Koch, lui, préfère ignorer les débats qu'il juge stériles sur la définition de la conscience : « *Est-ce un épiphénomène, incapable d'influencer le monde, ou bien est-ce que mes intestins sont conscients, mais incapables de me le dire ? Il faudra un jour se préoccuper de ces questions, mais aujourd'hui, s'en inquiéter ne conduit qu'à nous empêcher d'avancer.* »

Objet mal défini

Les arguments se cristallisent surtout autour des *qualia,* ce que le philosophe australien David Chalmers appelle en 1995 « *la question difficile de la conscience* ». La science paraît certes capable de décrire les processus d'émergence à la conscience d'une perception (la couleur verte, par exemple). Mais pourra-t-elle expliquer d'où vient l'impression subjective de la vision du vert ? Ne se conduit-elle pas comme un aveugle connaissant tout du phénomène de la vision, mais n'ayant jamais ressenti ce que cela fait de voir ? Parmi les neurologues, beaucoup choisissent d'ignorer ce problème difficile : « *Je pense que ce n'est pas une distinction utile aujourd'hui* », affirme ainsi Steven Laureys.

Bien que l'objet de leurs recherches ne soit pas clairement défini, les scientifiques accumulent les observations, et avancent des théories. Le philosophe américain John Searle livrait ainsi, lors d'un entretien à l'occasion de la naissance du *Journal des études sur la conscience,* en 1994 : « *On ne sait pas comment ça marche et on a besoin d'essayer toutes sortes d'idées.* »

À l'appui de leurs théories, les chercheurs exploitent l'imagerie cérébrale. Celle-ci ne donne certes pas à voir la conscience elle-même, mais ce que les scientifiques ont appelé plus modestement les corrélats neuronaux de la conscience : des changements neuronaux qui se produisent en même temps que la prise de conscience. L'électroencéphalographie (EEG), qui consiste à suivre la progression des ondes électriques nées de la propagation des signaux nerveux *via* des électrodes posées sur le crâne, est désormais largement complétée par l'imagerie par résonance magnétique fonctionnelle (IRMf), qui permet de visualiser les zones du cerveau qui s'activent lors de la réalisation d'une tâche. L'IRMf donne une vision du cerveau dans sa totalité, là où l'EEG ne détecte que les ondes du cortex, sa couche la plus externe.

Signature neuronale

Ainsi armés, les neurologues se sont mis en quête d'une signature neuronale de la conscience : un corrélat de la conscience qui serait nécessaire et suffisant pour qu'une stimulation devienne consciente. Où et quand se produit-il ?

A priori, sur le trajet, relativement bien identifié, des perceptions. Les signaux électrochimiques nés de la stimulation de récepteurs sensitifs aboutissent dans les aires perceptuelles primaires (visuelles, auditives, sensori-motrices, etc.), puis progressent vers l'avant du cerveau, où elles subissent des traitements de plus en plus complexes, impliquant notamment des va-et-vient entre plusieurs aires corticales. La première étape du traitement de l'information, la perception primaire, est en général réalisée dans les 100 millisecondes après le stimulus. Les signaux se répandent ensuite dans le cerveau en 200 à 300 millisecondes.

Et aussi...

Stanley Prusiner et le prion

Son audacieuse théorie pour expliquer l'agent pathogène de la maladie de la vache folle soulève la critique.

« La meilleure science émerge souvent de situations dans lesquelles les résultats soigneusement obtenus ne s'accordent pas avec les paradigmes en cours. » Stanley Prusiner ne s'en cache pas. Sa méthode est d'aller à contre-courant. Une stratégie risquée, mais payante. En 1997, il reçoit, seul, le prix Nobel de médecine pour sa découverte du prion, une protéine qui existe sous forme naturelle dans le cerveau des mammifères, mais devient infectieuse lorsqu'elle change de conformation. Elle détruit alors les cellules nerveuses et provoque la maladie de la vache folle, celle de Creutzfeldt-Jakob et bien d'autres qui désarmaient les médecins et les vétérinaires depuis plusieurs décennies. Des maladies dont la durée d'incubation est de plusieurs années, un virus lent et virulent qui échappe aux procédés de décontamination connus, qui ne suscite pas la moindre réaction du système immunitaire… c'était du jamais-vu. En 1972, l'ambitieux trentenaire Stanley Prusiner, de l'université de Californie, s'attaque au problème. Neurologue et biochimiste ingénieux, il sait s'attirer des financements et s'entourer des plus grands… tant qu'ils ne lui font pas trop d'ombre. Bientôt, une idée germe dans son esprit. Le « virus » n'en est pas un. C'est une protéine, qu'il baptise prion, pour « protéine infectieuse », sigle judicieux dont raffoleront les journalistes. En 1982, il publie sa théorie. Hérésie ! L'article lui attire les foudres de la communauté. Une protéine pathogène, une maladie à la fois génétique, infectieuse et spontanée, une entité vivante qui se réplique sans recourir à l'ADN… tout cela fait voler en éclats les paradigmes échafaudés durant des années. Un ouragan de critiques lui tombe dessus. Personne n'a jamais vu une protéine se conduire de cette manière! Stanley Prusiner le sait, mais reste inflexible. Il s'évertue à peaufiner sa théorie, et peu à peu le prion gagne du terrain dans les mentalités. Après quinze ans d'acharnement, il reçoit enfin du comité Nobel la reconnaissance suprême. Un coup de maître qui inverse sa position avec celle de ses opposants. Ce sont eux qui aujourd'hui représentent le clan des hérétiques.

À quel moment de cette progression la conscience émerge-t-elle? Une question d'autant plus controversée que les expériences ne permettent pas de trancher. Certes, lorsque les expérimentateurs observent l'activation cérébrale durant un exercice de perception, ils distinguent des signaux qui apparaissent uniquement si le stimulus est conscient. Mais certains se produisent localement et très rapidement (dans les 100 millisecondes qui suivent le stimulus), et d'autres bien après 200 millisecondes. Il semble que la prise de conscience elle-même est noyée entre des processus préparatoires à la prise de conscience en amont et des mécanismes qui sont la conséquence de cette prise de conscience en aval. Dès lors, les avis divergent.

Semir Zeki, de l'University College à Londres, soutient l'existence d'une microconscience précoce (dès 100 millisecondes) se produisant très rapidement. À l'université de Miami, aux États-Unis, le psychiatre Steven Sevush estime même qu'il existerait une conscience à l'échelle du neurone individuel.

À l'inverse, Stanislas Dehaene, du laboratoire de neuro-imagerie cognitive, à Gif-sur-Yvette, défend, avec Lionel

Naccache et Steven Laureys, l'idée d'une apparition tardive de la conscience. Celle-ci émergerait quand les signaux nés de la perception sensitive sont largement distribués dans le cerveau, environ 300 millisecondes après le stimulus.

Suivi des signaux

L'hypothèse tardive a reçu de nombreux soutiens expérimentaux au cours des dernières années. Le plus marqué est sans doute l'expérience menée dans le laboratoire de Giulio Tononi, à l'université du Wisconsin, à Madison, aux États-Unis. En installant une bobine électrique sur le crâne de ses volontaires, il stimule des groupes de neurones sous-jacents, qui se mettent à émettre des signaux électrochimiques dont il observe la propagation en EEG. Chez les personnes éveillées, des ondes électriques entre 10 et 40 hertz se propagent ainsi pendant environ un tiers de seconde, gagnant diverses zones corticales. Mais chez des personnes endormies, ou en état végétatif, il constate que le signal ne se propage pas.

L'idée de l'émergence tardive de la conscience, si elle fait toujours débat, sous-tend cependant les deux grandes théories de la conscience proposées aujourd'hui. La première est la théorie de l'espace de travail global. Elle s'inspire des travaux publiés en 1989 par un psychologue néerlandais, Bernard Baars. Elle a été transposée en neurologie notamment par Stanislas Dehaene, Jean-Pierre Changeux et Lionel Naccache. Selon cette théorie, l'information sensorielle qui parvient au cerveau est traitée en permanence par des ensembles de neurones qui travaillent en parallèle, de manière inconsciente. Pour que leur information accède à la conscience, il faut que leur activité soit suffisante, mais aussi qu'ils bénéficient d'une amplification de la part des réseaux neuronaux où va émerger la conscience, à la manière d'une attention préconsciente. Une activité cohérente entre plusieurs populations de neurones distribués dans le cerveau s'installe alors.

Les connexions à longues distances qui s'établissent ainsi constituent l'espace de travail global. Cet espace met à disposition du cerveau cette information consciente qui peut dès lors être évaluée, mémorisée à long terme, donner lieu à des actions intentionnelles, etc. Cette mise à disposition généralisée d'un ensemble perceptif cohérent constituerait l'état conscient.

Des cellules impliquées dans cette distribution ont même été identifiées : les neurones pyramidaux du cortex préfrontal. Dotées d'un corps de forme triangulaire caractéristique, elles possèdent de longs axones qui connectent des zones très éloignées du cerveau.

La seconde théorie parie, elle aussi, sur ces échanges d'information à longue distance pour expliquer l'émergence de la conscience. Elle a été proposée en 2008 par Giulio Tononi. Sa théorie de l'information intégrée est avant tout une théorie mathématique qui peut s'appliquer aux neurones. Elle repose sur deux constats : d'une part, l'information qui arrive à la conscience est une sélection de toutes celles disponibles dans le système, d'autre part, cette sélection constitue un tout que l'on ne peut plus fragmenter.

Information intégrée

Pour Giulio Tononi, il existe donc un continuum allant de l'absence totale de conscience à des niveaux de conscience bas que l'on trouverait chez les animaux ou lorsque nous sommes partiellement éveillés, jusqu'à des niveaux de conscience supérieurs. Ce continuum peut se décrire sous forme mathématique, qui lui permet de quantifier les niveaux de conscience. Ainsi, un animal, un humain, un nouveau-né, une personne dans le coma disposeraient de degrés de conscience différents et calculables.

La théorie de l'information intégrée de Giulio Tononi est une théorie fonctionnaliste, elle peut s'appliquer à n'importe quel système d'entités échangeant de l'information : neurones, mais aussi transistors des ordinateurs connectés *via* le Web, ou même... populations de planètes. Le cosmos entier serait donc empli de conscience.

Même si elle a été très favorablement accueillie par de nombreux neuroscientifiques, comme Christof Koch ou le groupe de Stanislas Dehaene, l'idée se révèle pour le moins déstabilisante. Pour des philosophes comme John Searle, imaginer qu'un système de deux diodes possède un fragment de conscience, même infime, dépasse les bornes. Reste que les développements de la théorie de l'information pourraient avoir des applications cliniques en aidant à déterminer si un patient *a priori* plongé dans un état végétatif dispose, ou non, d'une conscience. Une manière de mettre à l'épreuve ces hypothèses.

On en parle aussi...

Énergie noire

On le sait, l'Univers est en expansion. Cependant, jusqu'en 1998, on pensait que cette expansion ralentissait inexorablement. Erreur, elle s'accélère ! C'est ce que démontrent deux équipes concurrentes en étudiant la luminosité d'un type particulier d'étoiles. S'en suit une profonde révision du modèle cosmologique en vigueur. Car pour expliquer que ces astres, et tous les autres avec eux, s'éloignent plus vite que prévu, il faut invoquer l'existence d'une mystérieuse énergie noire. Une énergie de nature inconnue qui s'opposerait à l'attraction gravitationnelle et qui constituerait l'essentiel de l'Univers ! Si le mystère demeure, le modèle a fini par convaincre et a valu le prix Nobel de physique 2011 aux découvreurs.

Querelle de mathématiciens

Alors qu'elle résistait aux mathématiciens depuis presque cent ans, Grigori Perelman parvient, en 2003, à démontrer la conjecture de Poincaré, qui caractérise la sphère parmi les espaces topologiques. Une découverte majeure qui s'est accompagnée d'une controverse alimentée par un article paru en 2006 dans le magazine *New Yorker :* le mathématicien Shing-Tun Yau y dénigre le travail du chercheur russe, attribuant le mérite de la découverte à deux de ses élèves chargés d'inspecter les travaux de Perelman. La controverse s'est éteinte.

Gène gay

En 1993, le généticien Dean Hamer fait état d'une région située sur le chromosome X, appelée Xq28, qui jouerait un rôle sur l'orientation homosexuelle chez les hommes. Alors que lui-même n'affirme pas avoir trouvé le « gène gay », la publication de son étude déchaîne les passions puisqu'elle laisse entendre que l'homosexualité pourrait alors être dépistée, comme une maladie.

12

L'HOMME DE KENNEWICK

Des tribus indiennes contre les anthropologues

En 1996, un squelette datant de plus de 9000 ans est découvert aux États-Unis. Ces ossements humains doivent-ils être restitués aux Indiens ou donnés à la science ? La justice a tranché.

À la fin du mois de juillet 1996, deux adolescents se rendent sur les rives de la rivière Columbia, près de Kennewick, dans l'État de Washington, aux États-Unis, pour mieux observer une course d'hydroglisseurs. Sur leur parcours, ils trouvent un crâne et quelques ossements intrigants. La police est aussitôt appelée sur les lieux pour enquêter. On constate alors qu'il ne s'agit pas seulement de quelques ossements égarés, mais bien d'un squelette humain à peu près complet encore

L'essentiel

- Le squelette humain le plus complet, le mieux conservé et l'un des plus anciens sur le territoire américain est découvert en 1996.
- Pour les anthropologues, l'homme de Kennewick est une source irremplaçable d'informations sur le peuplement du Nouveau Monde.
- Pour les tribus indiennes, il s'agit d'un de leur ancêtre qui doit être enterré selon leurs rites.

prisonnier sous la surface du sol. Le médecin légiste appelle donc un anthropologue à la rescousse.

À première vue, ce dernier pense qu'il s'agit d'un homme s'étant égaré et ayant trouvé la mort il y a plusieurs décennies pour une raison ou pour une autre. Il poursuit cependant l'enquête et soumet un échantillon du 5e métacarpe de la main gauche au procédé de datation au carbone-14. Surprise : l'homme de Kennewick, comme il est vite convenu de l'appeler, n'a pas seulement un siècle ou deux, comme on s'y attendait, mais entre 9 330 et 9 580 ans !

Cette découverte en fait alors le squelette le plus complet, le mieux conservé et l'un des plus anciens sur le territoire américain. Il a donc une grande valeur pour l'archéologie et l'anthropologie, car il vient appuyer la thèse selon laquelle le peuplement de l'Amérique serait non seulement plus ancien, mais aussi plus diversifié que prévu.

L'hypothèse longtemps dominante considérait en effet que les premiers Amérindiens étaient issus d'une unique migration en provenance de l'Asie du Nord-Est *via* le détroit de Bering qui sépare l'Alaska de la Sibérie. Couvert de glace il y a environ 13 000 ans, il aurait permis le passage d'un continent à l'autre et l'occupation, en quelques siècles, de la côte ouest jusqu'en Amérique du Sud.

Depuis les années 1990, de nouvelles découvertes archéologiques combinées aux analyses de génétique moléculaire ont remis en question ce modèle trop simple et linéaire. L'homme de Kennewick vient ainsi alimenter ce courant : la conformation de son crâne suggère en effet qu'il n'est probablement pas un ancêtre direct des tribus indiennes, mais qu'il leur serait antérieur et originaire des îles du Pacifique.

Des ossements protégés par la loi

On pourrait penser que la recherche allait suivre son cours et que les anthropologues se pencheraient sur leur nouvel « objet » pour l'étudier sous toutes ses coutures, comme cela se faisait depuis un siècle chaque fois que de nouveaux ossements émergeaient ainsi des entrailles de la Terre. Or, la controverse publique qui s'est déclenchée à l'annonce de l'ancienneté de l'homme de Kennewick rappelle que l'étude scientifique de restes humains repose sur des valeurs qui ne vont pas de soi et peuvent toujours être remises en question.

En effet, contrairement à ce qu'ils croyaient, les anthropologues n'ont pas pu s'approprier les restes de l'homme de Kennewick pour l'observer dans leurs laboratoires. Pourquoi ? Le lieu de la découverte est un territoire occupé par une demi-douzaine de tribus indiennes. Or, depuis 1990, une loi fédérale sur la protection et le rapatriement des tombes des Amérindiens, le *Native American Grave Protection and Repatriation Act*, plus connue sous l'acronyme Nagpra, stipule que, si on trouve des ossements humains, ils doivent, s'ils sont revendiqués, leur être rendus. Cette loi visait d'abord à s'assurer que, lorsque des restes humains provenant d'anciens cimetières autochtones étaient découverts lors d'excavations, ils soient traités avec respect et remis aux représentants des tribus indiennes habitant encore sur le territoire, et avec lesquelles les restes trouvés avaient le plus d'« affinités culturelles ».

Et aussi…

Le cratère de Chicxulub objet de discorde

Pourquoi les dinosaures ont-ils disparu il y a 65 millions d'années ? En 1980, le géologue Walter Alvarez et son père Luis, Prix Nobel de physique, avancent une hypothèse : la chute d'un astéroïde aurait provoqué leur fin. Restait à trouver la trace d'un tel impact. Quand un gigantesque cratère de plus de 180 kilomètres de diamètre est découvert au début des années 1990 à Chicxulub, dans le Yucatàn au Mexique, il devient vite l'objet d'une violente controverse. Les premières datations confortent la théorie de Walter Alvarez. Mais dans les années 2000, Gerta Keller, paléontologue à l'université de Princeton, aux États-Unis les remet en question. Selon son analyse des micro-organismes présents dans les sédiments, la collision serait plus ancienne que la disparition des dinosaures. Pour elle, l'extinction serait le résultat de la combinaison d'impacts météoritiques et d'aléas volcaniques. Le débat s'enflamme, et Jan Smit, partisan de la théorie d'Alvarez à l'université d'Amsterdam, n'en démord pas. En février 2013, une nouvelle datation radiométrie du cratère montre que l'impact se serait produit peu avant l'extinction de masse. Redonnant du poids à la thèse de l'astéroïde.

On comprend dès lors qu'à la première annonce de l'âge de l'homme de Kennewick, soit plus de 9 000 ans, on en ait déduit qu'il s'agissait d'une dépouille « autochtone », les « Européens » n'étant pas supposés être arrivés avant 1492… Suivant cette législation, les ossements devaient donc simplement être remis aux représentants reconnus, et ce d'autant plus que ce territoire était géré par le corps des ingénieurs de l'armée américaine. Ces derniers ne voulant surtout pas de querelles avec les représentants des tribus indiennes de la région (Washington, Idaho et Oregon) qui ont immédiatement exigé le rapatriement des restes, les autorités mirent donc aussitôt en branle le processus d'application de la loi et, parmi l'ensemble des tribus revendicatrices, la Confédération des tribus Umatilla fut choisie comme représentant légitime pour recevoir les restes et les retourner à la terre selon leurs coutumes ancestrales.

L'absence de preuves

Mais c'était sans compter sur l'opposition des anthropologues qui souhaitaient au contraire garder les ossements dans un musée de façon à pouvoir les étudier en détail. Placé devant la quasi-certitude de perdre définitivement l'accès à une source de données unique sur le passé du peuplement américain, un groupe d'anthropologues, associé aux universités du Michigan, de l'Oregon et à l'institut Smithsonian, à Washington, s'est formé pour demander à la cour du district de l'Oregon une injonction bloquant la décision du corps des ingénieurs de remettre le squelette aux tribus qui l'avaient réclamé.

La loi Nagpra insistant sur le fait qu'il faut d'abord démontrer qu'il existe une « affiliation culturelle » significative entre l'objet trouvé et le groupe autochtone qui le réclame, le gouvernement a cru qu'il suffisait de déclarer que tout vestige archéologique d'avant 1492 était par définition affilié aux groupes autochtones qui habitent encore aujourd'hui sur les lieux. Les anthropologues ont alors fait valoir qu'il n'existait aucune preuve scientifique de liens culturels ou génétiques significatifs remontant à plus de 9000 ans qui puissent permettre de trancher en faveur des autochtones. Au contraire, seule l'étude détaillée des restes permettrait d'établir une telle affiliation.

Une longue saga judiciaire s'ensuivit, close en 2004 par la confirmation d'un tribunal d'appel du jugement de première instance qui, dès 1997, donnait raison aux scientifiques. La cour a en effet conclu qu'aucune preuve substantielle d'affiliation culturelle ou génétique entre le squelette et les tribus autochtones qui le réclament n'avait été fournie.

Au contraire, les analyses préliminaires du crâne qui avaient pu être effectuées suggéraient plutôt une origine des îles polynésiennes ou du Japon. Et le juge de la cour fédérale d'appel confirme l'analyse de son collègue de première instance à l'effet qu'un écart de 8000 à 9000 ans *« entre la vie de l'homme de Kennewick et le présent est trop long pour pouvoir être comblé simplement par les récits de la tradition orale »*. La loi Nagpra ne s'applique donc pas, et les scientifiques peuvent se remettre à l'étude de la morphologie crânienne, de l'ADN, des dents et du régime alimentaire de l'homme de Kennewick. Les ossements allaient donc demeurer au Burke Museum d'histoire naturelle, sur le campus de l'université de Washington, à Seattle.

Une source d'informations

L'enjeu fondamental de cette controverse, qui dépasse les arguties juridiques sur les détails de la formulation de la loi dont l'application était contestée, n'a pas échappé au juge de la cour fédérale d'appel du 9e district : *« du point de vue des scientifiques, ce squelette est une source irremplaçable d'informations sur les premières populations du Nouveau Monde, qui mérite une enquête scientifique attentive pour faire progresser la connaissance sur ces temps lointains. En revanche, du point de vue des tribus indiennes, le squelette est celui d'un ancêtre qui, selon les traditions religieuses et sociales des tribus, doit être enterré immédiatement, sans autre étude.* »

Or, ce dernier point de vue n'est pas sans conséquences pour la recherche scientifique. Comme le faisaient remarquer au tribunal les avocats de la Pacific Legal Foundation, venus appuyer la cause des anthropologues : « *Il doit arriver un moment à partir duquel un squelette cesse d'être un parent et devient un* artefact. *Sans cela, toute l'archéologie devrait s'arrêter.* »

La controverse opposant les anthropologues aux tribus indiennes du nord-ouest des États-Unis illustre parfaitement cette vérité fondamentale énoncée par le sociologue Max Weber au début du XXe siècle : « *La croyance en la valeur de la vérité scientifique est un produit de certaines civilisations et n'est pas une donnée de la nature.* » D'un côté les tribus indiennes rejettent « *la notion que la science est la réponse à tout et donc qu'elle devrait avoir préséance sur les droits religieux et les croyances des citoyens américains* ». De l'autre, les anthropologues considèrent qu'il « *existe un droit d'étudier ces squelettes et d'apprendre ainsi des choses sur ces personnes* ».

Cette dernière vision du monde favorise le droit de connaître par les moyens de la science. En archéologie et en anthropologie, cela signifie manipuler les ossements afin, entre autres choses, d'en apprendre davantage sur les origines du peuplement américain. La première conception favorise plutôt les croyances fondées sur les traditions orales et les pratiques coutumières. Le rapport entre « savoir » et « croire » est alors inversé comme dans cette affirmation d'un porte-parole de la tribu des Lakota au début de la controverse sur

Et aussi...

Stephen Hawking contre Leonard Susskind

Pour le premier, toute l'information contenue dans un trou noir est perdue à jamais. Le second montre le contraire. Mais seule une théorie de la gravitation quantique pourrait réellement les mettre d'accord.

Trous noirs : la guerre des savants. C'est ainsi que le physicien Leonard Susskind, de l'université Stanford, aux États-Unis, a intitulé son livre paru en France en 2010. Il y relate sa controverse avec Stephen Hawking, de l'université de Cambridge, au Royaume-Uni, sans doute le scientifique le plus célèbre depuis Albert Einstein. Une guerre de près de trente ans entre deux théoriciens de premier plan. Courtoise, mais une guerre tout de même, étant donné l'enjeu : la survie et la coexistence de deux théories majeures de la physique, la relativité générale et la mécanique quantique.

La première, qui décrit les trous noirs, stipule que rien, pas même la lumière, ne peut s'en échapper. Mais en 1976, Stephen Hawking publie dans la revue Nature un article au fort retentissement. Il y démontre, en s'appuyant sur la mécanique quantique, que les trous noirs s'évaporent. Le phénomène se matérialise par une émission de toutes les particules possibles. Le spectre de ce rayonnement est du type de celui d'un objet qui rayonnerait de la chaleur, et qui ne contient pas d'information. Stephen Hawking conclut donc qu'une fois le trou noir évaporé toute l'information qu'il contenait – les particules ou l'étoile qui ont permis sa formation, la matière qu'il a absorbée – est perdue à jamais.

Le raisonnement est élégant et apparaît sans faille, mais ne convainc pas Leonard Susskind. En effet, ce qui précède est incompatible avec un principe de la mécanique quantique qui stipule qu'il est toujours possible de remonter le temps et de reconstituer l'état antérieur d'un système, quel qu'il soit. L'informationd'un trou noir ne peut donc pas être perdue. Alors, où se cache-t-elle? Trouver la réponse devient pour Leonard Susskind une véritable obsession, qu'il compare à la traque de Moby Dick par le capitaine Achab. En faisant appel à la théorie des cordes, il réussit à montrer que le spectre d'émission doit renfermer de petites irrégularités qui représentent l'information contenue par le trou noir. Appuyé notamment par le physicien Gerard 't Hooft, de l'université d'Utrecht, aux Pays-Bas, il établit également que cette information, avant son évaporation, se trouve initialement « codée » sur l'horizon du trou noir, limite à partir de laquelle rien ne peut s'échapper. Il baptise cette idée « principe holographique », par analogie avec un hologramme et qui donne une image en trois dimensions – le contenu du trou noir – à partir d'une image en deux dimensions – son horizon. D'autres travaux, dont ceux de Juan Maldacena, de l'Institut d'études avancées de Princeton, aux États-Unis, conforteront le principe holographique. Cela poussera Stephen Hawking, en 2004, à admettre qu'il avait tort.

La controverse n'est pourtant pas close, selon Aurélien Barrau, de l'université Joseph-Fourier, de Grenoble. Et ce, pour plusieurs raisons. La première : le rayonnement de Hawking pourrait ne pas aller jusqu'à la disparition complète du trou noir. Deuxième possibilité : l'information d'un trou noir serait contenue dans un univers parallèle inaccessible. Enfin, il se pourrait que cette information soit vraiment perdue… mais que la conservation de l'information en mécanique quantique ne soit pas obligatoire. C'est notamment la position de Roger Penrose, autre grand physicien et condisciple de Stephen

Hawking. Pour trancher définitivement la question, une théorie de la gravitation quantique serait nécessaire. Elle constitue actuellement l'un des grands chantiers de la physique théorique.

l'homme de Kennewick : *« Nous n'avons jamais demandé à la science de déterminer nos origines. Nous savons parfaitement d'où nous venons. Nous descendons du peuple Bison. Il est sorti des profondeurs de la terre, après que des esprits surnaturels ont rendu ce monde habitable pour les hommes. »* Un Indien umatilla le confirme : *« Nous connaissons déjà notre histoire. Elle nous est transmise par nos anciens et à travers nos pratiques religieuses. »*

Face à cette incommensurabilité des discours, à ce que Max Weber, nommait *« ce combat éternel que les dieux se font entre eux »*, il ne peut y avoir de véritable dialogue permettant de progresser, et seul un tribunal peut alors trancher au regard des lois existantes.

Dans le cas de l'homme de Kennewick, les juges ont penché en faveur des scientifiques. Ils auraient pu conclure en faveur du gouvernement fédéral américain et des tribus, ce qui aurait conduit à un dénouement tout autre : on aurait rendu les ossements, il y aurait eu une cérémonie, puis les restes humains tant prisés par les anthropologues auraient été enterrés, emportant ainsi avec eux leurs secrets. Depuis 1990, plusieurs restes humains datant entre 7 000 et 10 000 ans ont ainsi été rapatriés et enterrés, faisant disparaître à tout jamais des objets d'étude précieux pour les archéologues et les anthropologues.

Un pêcheur polynésien

Il ne semble pas que le passage du temps ait permis de combler le fossé épistémologique séparant ces deux modes de pensée. À l'automne 2012, l'anthropologue Douglas Owsley, de la division d'anthropologie physique de l'institut Smithsonian, a présenté les résultats des recherches sur l'homme de Kennewick devant des représentants des tribus indiennes qui revendiquent encore de pouvoir enfin l'enterrer. Les journaux ont rapporté l'événement comme *« une rencontre historique entre deux mondes différents »*. Selon Douglas Owsley, qui faisait partie dès le début du groupe de chercheurs ayant poursuivi le gouvernement fédéral, l'homme de Kennewick n'aurait en fait jamais vraiment habité la région et serait plutôt un pêcheur d'origine polynésienne. Cette conclusion serait cohérente avec les caractéristiques du crâne et les analyses chimiques des os qui suggèrent une diète à base de mammifères marins.

Tous ces détails techniques n'ont toutefois pas entamé les convictions de chacun, et les chefs indiens présents se disaient plutôt mal à l'aise ou subtilement traumatisés à la vue de photographies exhibant des ossements sous différents angles. Tous ont réaffirmé que l'homme de Kennewick était leur ancêtre et devait absolument être remis en terre au plus tôt. Les chefs autochtones affirment d'ailleurs continuer à faire pression sur le Congrès des États-Unis pour qu'il modifie la loi Nagpra de façon à bloquer toute possibilité de l'interpréter en faveur des scientifiques. Ils rappellent ainsi que les véritables conditions de possibilité de la recherche scientifique sont non seulement culturelles mais aussi politiques.

On en parle aussi...

Virus vivant ?

Faut-il considérer les virus comme des êtres vivants ? Le débat reste ouvert. En fait, il repose sur la conception même de ce qu'est un virus. Si l'on considère le virus comme la particule virale seule, en dehors d'une cellule, alors elle n'est essentiellement qu'un amas de protéines. Néanmoins, si l'on pense le virus une fois dans une cellule, alors il exprime ses propres gènes et son métabolisme, comme un être vivant. Le virus, un organisme à part, vivant quand il est en symbiose avec une cellule, inerte en dehors ?

Plus ancien hominidé

En 2002, la découverte de *Sahelanthropus tchadensis,* dont un crâne est surnommé « Toumaï », fait grand bruit. Vieux de 7 millions d'années, ce serait notre plus ancien ancêtre hominidé connu. Mais dans une lettre à la revue *Nature,* qui a publié la découverte, une équipe franco-américaine conteste ce statut : au vu des données publiées, Toumaï serait plutôt un singe femelle, apparenté aux gorilles ou aux chimpanzés, mais en dehors de la lignée humaine. Cette interprétation reste toutefois isolée.

Arbre du vivant contre réseau de vie

Comment rendre compte au mieux de l'évolution des êtres vivants ? Par un arbre dit « phylogénétique », qui les relie en fonction d'un ancêtre commun et par parenté ou par un réseau de vie qui reflète en plus les évolutions acquises par alliance ? Défendu depuis 1999 par le biochimiste américain W. F. Doolittle, le réseau souligne les évolutions transversales, par exemple, quand une bactérie intègre le matériel génétique d'une autre sans lui être affiliée. Pour Éric Bapteste, du CNRS, il faut savoir utiliser les deux : « *L'arbre est idéal pour traiter des lignées simples comme les animaux. Le réseau est plus adapté aux organismes pour qui la parenté n'explique pas tout.* »

AFFAIRES À SUIVRE : HUIT POLÉMIQUES DANS L'AIR DU TEMPS

Ces débats ont tous gagné la sphère publique parce qu'ils ne portent pas uniquement sur une question de science.

Le cannabis est-il une drogue ?

• *Comment cela a commencé*

En 1998, un rapport au ministre de la Santé, dirigé par le pharmacologue Bernard Roques, fait sensation. Le cannabis y est décrit comme la moins dangereuse des drogues : dépendance physique et psychique nulle, toxicité générale très faible et dangerosité sociale faible. Se pose, dès lors, la question du maintien de l'interdiction du cannabis et de la répression des consommateurs, en vigueur en France depuis 1970.

• *Que s'est-il passé ?*

Ce débat implique deux disciplines scientifiques. D'une part, la physiologie expérimentale, qui décrit les effets sur l'animal du principe actif du cannabis, le tétrahydrocannabinol (THC). D'autre part, l'épidémiologie, qui étudie la santé de cohortes de consommateurs de cannabis. Chacune a ses limites. Peut-on extrapoler à la consommation humaine de cannabis sous forme d'herbe ou de haschich, qui contiennent des quantités de THC variables et souvent faibles, ce que l'on apprend des effets, parfois toxiques, du produit pur chez la souris ? Et comment interpréter les corrélations relevées par l'épidémiologie ? On observe par exemple une consommation de cannabis plus élevée chez les schizophrènes. Est-elle la cause de la maladie ? Un facteur déclencheur chez des personnes prédisposées ? Ou au contraire une forme d'automédication ? Les organisations en charge de la lutte contre la toxicomanie et les mouvements militant pour la dépénalisation du cannabis interprètent ces incertitudes dans des directions diamétralement opposées.

• *Où en est-on ?*

Plus que sanitaire, le débat est devenu politique. Si la toxicité du cannabis reste incertaine, sa prohibition a des effets sociaux délétères : économie souterraine, violence entre trafiquants... Mais rares sont les responsables politiques à défendre la dépénalisation pour y mettre fin. Quant à l'utilisation médicale du cannabis pour lutter contre certaines douleurs, autorisée notamment au Canada ou aux Pays-Bas, un décret daté de juin 2013 en entrouvre la possibilité en France : il autorise l'examen des demandes de mise sur le marché de médicaments contenant des extraits de cannabis.

De quoi meurent les abeilles ?

• *Comment cela a commencé*

Dans la seconde moitié des années 1990, les apiculteurs du monde entier sont victimes d'un mal mystérieux, qui voit la ruche se vider soudainement, sans que des cadavres d'abeilles soient observés aux alentours. Dans le même temps, un accroissement de mortalité est observé dans les ruches. Or, à la même période une nouvelle classe d'insecticides, de la famille des néonicotinoïdes, est introduite en agriculture. Ces insecticides sont-ils responsables de l'hécatombe des abeilles ?

• *Que s'est-il passé ?*

Les associations d'apiculteurs, soutenus par les mouvements de défense de l'environnement, réclament l'interdiction des insecticides néonicotinoïdes. Les industriels leur opposent deux arguments. Le premier est que l'insecticide est indétectable dans le pollen et le nectar dont se nourrissent les abeilles. Le second est que la dose létale – celle qui tue en 48 heures la moitié d'une population – est très supérieure à celle observée en champ après un épandage d'insecticides. Ils suggèrent donc que les causes de la mortalité des abeilles sont à chercher ailleurs, notamment du côté de l'apparition de nouveaux virus et parasites.

• *Où en est-on ?*

Aujourd'hui l'effet des néonicotinoïdes est reconnu. Il est à présent clair que le pollen et le nectar en contiennent, et que le seuil minimal de détection retenu jusque-là était trop élevé. Même à ces infimes concentrations, ces molécules ont un effet létal sur les abeilles en cas d'exposition pendant plusieurs jours (que ne permettait pas de mesurer la méthode de la dose létale) et perturbent leur comportement. En avril dernier, la Commission européenne a décidé une interdiction partielle pour deux ans des principaux néonicotinoïdes. Il n'en reste pas moins que les parasites causent aussi des dégâts.

Les OGM présentent- ils un danger ?

- *Comment cela a commencé*

Fin 1996, les premiers cargos chargés de soja ou de maïs génétiquement modifiés en provenance des États-Unis, où la culture des OGM vient de commencer, arrivent dans les ports européens. C'est le début d'une controverse portant sur trois points : l'éventuelle toxicité pour l'homme de la consommation d'OGM, le risque de pollution génétique de l'environnement et enfin la monopolisation des semences par les entreprises produisant des OGM, puisqu'il est interdit aux agriculteurs en cultivant de ressemer une partie de leur récolte.

- *Que s'est-il passé ?*

Depuis une vingtaine d'années, de nombreuses sous-disciplines de la biologie se sont penchées sur l'évaluation des risques des OGM pour la santé et pour l'environnement. Mais ces travaux peinent à se faire entendre tant les opposants aux OGM, qui dénoncent la collusion entre recherche et intérêts industriels, ont gagné en influence dans l'opinion. Cette opposition rassemble, en France, des organisations de défense de l'environnement, la gauche altermondialiste et la Confédération paysanne, deuxième syndicat agricole. Les organisations de défense des consommateurs se sont retirées de cette coalition depuis que leur revendication sur l'étiquetage spécifique des produits avec des OGM a été satisfaite au début des années 2000. Du côté des pro-OGM, on trouve la FNSEA, premier syndicat agricole français, et les entreprises productrices d'OGM.

- *Où en est-on ?*

Ces dernières années, la bataille des OGM avait eu tendance à délaisser le front de la santé publique pour se concentrer sur les effets socio-économiques de l'agriculture transgénique, en particulier la brevetabilité du vivant. Mais la fracassante, et très critiquée, publication en septembre 2012 d'une étude du biologiste français Gilles-Éric Séralini suggérant qu'une alimentation à base d'OGM avait, chez le rat, un fort effet cancérigène, a relancé la question de la santé au niveau du grand public.

Sommes-nous tous sensibles aux ondes électromagnétiques ?

- *Comment cela a commencé*

La question du risque pour la santé humaine de l'exposition chronique à un champ électromagnétique apparaît dans les années 1990 quand quelques études épidémiologiques relèvent un accroissement du taux de leucémie ou de tumeurs cérébrales chez les travailleurs intervenant sur les lignes électriques à haute tension ou chez les personnes vivant à proximité de ces lignes. Mais la controverse ne débute vraiment que lorsque la généralisation du téléphone portable – donc des antennes-relais installées en ville sur les toits d'immeubles – et des connexions à l'Internet par le Wi-Fi accroît le nombre de personnes exposées.

• *Que s'est-il passé ?*

La controverse a eu pour effet de faire émerger une nouvelle pathologie : l'hypersensibilité électromagnétique. Selon les pays, entre 1,5 % et 6 % de la population déclare souffrir d'un ensemble complexe de symptômes (maux de tête, difficultés de concentration, fatigue...) lors d'exposition à un champ électromagnétique. Si personne ne met en doute la réalité des souffrances, aucune étude n'a pu montrer qu'elles étaient dues aux ondes électromagnétiques. Les associations de personnes électrosensibles ont rejoint les riverains des antennes-relais comme des lignes à haute tension pour dénoncer les dangers de l'exposition croissante aux ondes électromagnétiques. En revanche, la question d'une augmentation du risque de tumeur cérébrale liée à l'utilisation du téléphone portable mobilise peu, sans doute parce que plus de quatre Français sur cinq l'utilisent.

• *Où en est-on ?*

En avril dernier, une étude française publiée dans *Environmental Science and Pollution Research* a renouvelé le débat en montrant chez le rat des effets métaboliques insoupçonnés de l'exposition à des ondes comparables à celles d'une antenne-relais (contraction des vaisseaux sanguins de la peau et un accroissement de l'appétit). Ce travail attend cependant confirmation.

Les nanotechnologies menacent-elles notre santé ou nos libertés ?

• *Comment cela a commencé*

Au début des années 2000, la plupart des États industrialisés lancent des politiques de soutien aux nanotechnologies, ensemble très hétérogène de techniques manipulant la matière à l'échelle de l'atome, perçues comme porteuses d'une nouvelle révolution industrielle. Dans le même temps, la commercialisation d'articles de consommation courante (pneumatiques, crèmes solaires, chaussettes, etc.) contenant des nanoparticules montre que les nanotechnologies se développent beaucoup plus vite que l'évaluation de leurs risques.

• *Que s'est-il passé ?*

Il y a deux controverses sur les nanotechnologies. La première, scientifique, porte sur l'évaluation de la toxicité des nanoparticules pour la santé humaine. Du fait de leur taille, elles sont susceptibles de traverser les barrières naturelles du corps, voire les membranes cellulaires. Quels sont leurs effets biologiques, en particulier pour les salariés travaillant dans les usines utilisant des nanomatériaux? C'est là un des grands chantiers de la toxicologie. La seconde, publique, n'a qu'une très faible dimension scientifique. Elle porte sur des applications à ce jour inexistantes, mais potentiellement envisageables, visant à construire des nanomachines ou des nanocapteurs qui, implantées dans le corps humain, augmenteraient ses performances, mais permettraient aussi une traçabilité des déplacements de chaque individu. Des mouvements de défense des libertés publiques et plusieurs comités d'éthique s'en sont inquiétés. D'autres groupes, plus radicaux, étendent la critique des nanotechnologies à une dénonciation d'ensemble de l'incapacité de l'humanité à maîtriser son développement technique. Les industriels du secteur rejettent ces critiques comme relevant de craintes exagérées.

• *Où en est-on ?*

En 2009, l'organisation en France d'un débat national sur les nanotechnologies a montré à quel point les positions s'étaient polarisées : dans une dizaine de villes, les réunions publiques prévues n'ont pas pu se tenir du fait des virulentes manifestations des opposants les plus extrêmes aux nanotechnologies qui estimaient ce débat factice.

Quel est le prix de la biodiversité ?

• *Comment cela a commencé*

En 1992, le Sommet de la Terre de Rio adopte un principe juridique nouveau : la biodiversité, jusque-là considérée comme patrimoine de l'humanité, devient propriété de l'État qui y exerce sa souveraineté. Ce dernier peut donc vendre l'accès à cette ressource, par exemple à un industriel de la pharmacie cherchant de nouveaux médicaments. Mais comment en chiffrer la valeur monétaire ?

• *Que s'est-il passé ?*

En 1997, l'Américain Robert Costanza, économiste de l'environnement, publie dans la revue *Nature* une étude chiffrant la valeur de l'ensemble des services que la biodiversité rend à l'homme (pollinisation par les insectes, formation des sols, épuration naturelle des eaux, etc.) à une à trois fois la valeur de la richesse produite annuellement dans le monde.

La méthodologie est imprécise, mais le chiffre frappe par son gigantisme. Il contribue à renouveler l'évaluation économique de la biodiversité. Elle n'est plus seulement envisagée comme une source de nouvelles variétés agricoles ou de nouveaux médicaments, mais comme rendant gratuitement des services écologiques dont les différentes activités humaines ne peuvent se passer.

• *Où en est-on ?*

Les différentes méthodes de fixation d'une valeur monétaire à la biodiversité font l'objet de recherches et de débats entre économistes. Mais la controverse la plus visible porte sur la pertinence de l'approche économique. Pour certains courants écologistes, la biodiversité doit être protégée pour elle-même, non en raison des services qu'elle rend à l'humanité. À l'opposé, les plus libéraux défendent que la biodiversité est une ressource comme une autre : les entreprises peuvent donc l'acheter, ou, si leur activité la détruit localement, compenser ce dommage en finançant ailleurs la restauration d'un écosystème. D'autres, enfin, rejettent ce principe de paiement pour service écologique rendu, mais jugent l'évaluation économique de la biodiversité utile pour la prise de décision par la puissance publique.

Peut-on utiliser des cellules souches pour réparer le corps humain ?

• *Comment cela a commencé*

En 1998, deux équipes américaines isolent les premières cellules souches embryonnaires (CSE) humaines : des cellules dérivées d'embryons conçus par fécondation *in vitro* de cinq à six jours, capables de produire en culture n'importe lequel des quelque 200 types de cellules différenciées (neurones, cellules de la peau, du foie...) du corps humain. La découverte ouvre la voie à une médecine régénérative, utilisant ces cellules pour réparer les organes lésés. Elle lance aussi un débat éthique : peut-on utiliser des embryons humains, voire en créer, comme source de cellules souches ?

• *Que s'est-il passé ?*

Face à ce dilemme éthique, les différents États ont adopté des positions différentes. Le Royaume-Uni a immédiatement autorisé la recherche utilisant les CSE humaines. La France, dans ses lois de bioéthique, en interdit le principe, au nom du refus de la réification de l'embryon, mais autorise des dérogations. Quant aux États-Unis, sous la présidence de George W. Bush, ils n'ont pas interdit ces recherches, mais l'utilisation de fonds fédéraux pour les mener. Des études ont alors été conduites sur d'autres sources possibles de cellules souches pour la médecine régénérative : les cellules souches induites, découvertes en 2007, qui sont des cellules de la peau déprogrammées en culture pour redevenir, comme les CSE, capables de se différencier en de multiples types cellulaires ; ou les cellules souches adultes, qui existent dans la moelle osseuse. Le premier médicament à base de cellules souches, autorisé au Canada en 2012 pour traiter les rejets de greffe, utilise ainsi des cellules souches de moelle osseuse. Plusieurs essais cliniques sont en cours avec d'autres préparations cellulaires pour différentes maladies caractérisées par des dégénérescences de tissus.

• *Où en est-on ?*
Depuis 1998, les avancées de la biologie ont changé les termes du débat. La question de savoir s'il est éthiquement acceptable d'utiliser des CSE est encore discutée, mais, désormais, on cherche surtout quelle est la meilleure source de cellules pour la médecine régénérative : objectif dont personne ou presque ne conteste la pertinence.

Faut-il exploiter les gaz de schiste ?

• *Comment cela a commencé*
À la fin des années 2000, les États-Unis ont massivement développé l'exploitation des gaz de schiste, gaz naturel piégé dans les porosités de roches imperméables. S'en est suivie une baisse spectaculaire du prix de l'énergie aux États-Unis, qui a conduit les pays européens à se poser la question de prospecter, sur leurs territoires, l'existence d'éventuels gisements.

• *Que s'est-il passé ?*
L'extraction des gaz de schiste n'est possible, dans l'état actuel des techniques, qu'en utilisant la fracturation hydraulique : l'injection souterraine d'eau pressurisée mêlée à divers produits chimiques pour créer des fissures dans la roche, et permettre de récupérer les gaz. Cette technique, indispensable tant à la prospection qu'à l'exploitation, fait courir un risque avéré de pollution des nappes phréatiques que dénoncent les organisations de riverains ainsi que les écologistes. Les opposants soulignent également que les gisements de gaz de schiste, contrairement aux gisements classiques de gaz naturel, sont très dispersés. Il faut, sur un secteur en contenant, creuser plusieurs dizaines de puits, avec leur

cortège d'installations de traitement, de bétonnage de la surface et de gazoducs : une infrastructure envisageable sur l'immense territoire américain, mais plus difficile à imaginer en Europe. Enfin, les opposants à l'exploitation des gaz de schiste soulignent qu'environ 4 % du gaz exploité depuis un puits fuit dans l'atmosphère, comme l'a observé la géophysicienne Gabrielle Petron dans une étude menée sur les puits du Colorado publiée en février 2012 dans le *Journal of Geophysical Research.* Or, le principal composant des gaz de schiste est le méthane, qui contribue plus encore que le dioxyde de carbone à l'augmentation de l'effet de serre, donc au réchauffement de la planète.

- *Où en est-on ?*

Le gouvernement français a interdit en 2010 l'utilisation de la fracturation hydraulique en France. Mais des voix se font entendre, y compris au sein du gouvernement, pour dire que l'économie française, très tributaire des importations d'énergie, aurait tout à gagner à l'exploitation d'éventuels gisements de gaz de schiste. La balle est dans le camp de la recherche, pressée d'inventer des méthodes alternatives à la fracturation hydraulique, qui soient plus respectueuses de l'environnement. Et d'établir un inventaire précis des gisements potentiels.

NOTES ET RÉFÉRENCES BIBLIOGRAPHIQUES

L'invention du calcul différentiel

- E. de Las Cases, *Mémorial de Sainte-Hélène,* J. Barbézat, 1830-1832.
- M. Marie, *Histoire des sciences mathématiques et physiques, Tome VII : De Newton à Euler,* Gauthier Villars, 1885.
- Remarques de M. le Chevalier Newton au sujet de la lettre de M. Leibniz à l'abbé Conti, in *Œuvre concernant le calcul infinitésimal, suivi du recueil de diverses pièces sur la dispute entre Leibnitz et Newton,* d'après Desmaiseaux, traduit du latin par Jean Peyroux, librairie A. Blanchard, 1983, p. 111.

L'inoculation de la variole

- *Correspondance littéraire, philosophique et critique de Grimm et de Diderot,* vol. 1, p. 454, Furne, 1829.
- C.-M. de La Condamine, « Mémoire sur l'inoculation de la petite vérole », *Histoire de l'Académie Royale des Sciences,* année 1754, 1759.

- M. Roland, « Mme Roland à M. du Bosc, 6 avril 1788 », *Lettres de Madame Roland*, Imprimerie nationale, vol. 2, 1902.
- J. Le Rond D'Alembert, « Réflexions philosophiques et mathématiques sur l'application du calcul des probabilités à l'inoculation de la petite vérole », *Mélanges de littérature, d'histoire et de philosophie*, Amsterdam, vol. 5, p. 277, 1768.

L'âge de la Terre

- W. Thomson, *Royal Society of Edinburgh Transactions*, 23, 157, 1862.
- P. Richet, *L'Âge du monde*, Seuil, 1999.
- W. Thomson, *Macmillan's Magazine*, 5, 388, 1862.
- A. S. Eve, *Being the Life and Letters of the Rt. Hon. Lord Rutherford*, The University Press, 1939.

La vitesse des ondes électromagnétiques

- G. F. Fitzgerald, *Nature, 39,* 446, 1888.
- É. Sarasin et L. de la Rive, *CRAS, 110,* 72, 1890.
- A. Cornu, *CRAS, 110,* 75, 1890.
- H. Poincaré, *Électricité et Optique,* Georges Carré, 1891.

Les dangers de la radioactivité

- J.-M. Cosset et R. Huynh, *La Fantastique Histoire du radium,* éditions Ouest-France, 2011.

La tectonique des plaques

- N. Oreskes, *Plate Tectonics, an Insider's History of The Modern Theory of the Earth*, Westview, 2003.

- W. J. Morgan, *J. Geophys. Res.*, 73, 1959, 1968.
- X. Le Pichon, *J. Geophys. Res.*, 73, 3661, 1968.

La mémoire de l'eau

- E. Davenas *et al.*, *Nature*, *338*, 816, 1988.
- E. Del Guidice *et al.*, *Phys. Rev. Lett.*, *61*, 1085, 1988 ; www.nextcare.it/interplay.pdf, 2011.
- M.Enserink, *Science, 330*, 1732, 2010.
- http://tinyurl.com/p-ball-water-structure, 2013 ; http://tinyurl.com/physicsworld-water-single-life, 2013.
- http://tinyurl.com/rsc-ball-crucible, 2007.

Le réchauffement climatique

- C. Lemieux, *Mil neuf cent. Revue d'histoire intellectuelle, 1 (25)*, 191, 2007.
- N. Oreskes et E. Conway, *Les Marchands de doute*, Le Pommier, 2012.
- S. C. Aykut *et al.*, *Journalism Studies*, 13, 157, 2012.
- C. Allègre, *Le Monde*, 22 mai 2010.
- U. Beck, *La Société du risque. Sur la voie d'une autre modernité*, Flammarion, 2001, p. 343.

La quête de la conscience

- F. Crick, *L'Hypothèse stupéfiante*, Plon, 1995.
- D. Chalmers, *J. Consc. Stud.*, 2, 200, 1995.
- S. Zeki, *Trends in Cognitive Neuroscience*, 7, 214, 2003.
- S. Sevush, *J. of Theo. Bio.*, *238*, 704, 2006.
- M. Massimi *et al.*, *Cogn. Neurosci.*, *1*, 3, 176, 2010.

- J.-P. Changeux et S. Dehaene, in *Learning and Memory: A Comprehensive Reference* (vol.1), 729, J. Byrne and R. Menzel (dir.), Elsevier, 2008.
- G. Tononi, *Biological Bulletin, 215*, 216, 2008.

L'homme de Kennewick

- T. Goebel *et al., Science, 319,* 5869, 1497 2008.
- David H. Thomas, *Skull Wars*, Basic Books, 2000.
- www.burkemuseum.org/kman
- Bonnichsen v. United States, US Court of Appeals, Ninth Circuit, Nos02-35996.
- Robson Bonnichsen *et al., Brief Amicus Curia of Pacific Legal Foundation in Support of Plaintiffs-Appellees,* 2003.
- G. Keller, « La météorite innocentée », *La Recherche,* octobre 2004, p. 30.
- J. Smit, « Le forage inutile », *La Recherche,* octobre 2004, p. 38.
- L. Susskind, *Trous noirs : la guerre des savants*, Robert Laffont, 2010.
- « La guerre des trous noirs : le pari perdu de Stephen Hawking », *La Recherche*, février 2009, p. 38.

Table des matières

conception
réalisation
mise en page
pca
44405 Rezé cedex

71033 - (I) - (2,5) - OSB 90° - PCA - MGS
Imprimerie CHIRAT - 42540 Saint-Just-la-Pendue
Dépôt légal : mars 2014
N° 201402.0288
Imprimé en France